图解茶经

认识中国茶道

[唐] 陆羽 著　紫图 编绘

陕西师范大学出版总社有限公司

茶之奇趣：斗茶

斗茶（宋）刘松年　中国台北故宫博物院藏

斗茶，又称"茗战"，是宋代时期，上至宫廷，下至民间，普遍盛行的一种评比茶质优劣的技艺和习俗。此图中四人，二人已捧茶在手，一人正在提壶倒茶，另一个正扇炉烹茶，似是茶童。画中人物用笔多为铁线描，爽力细劲，以疏笔皴擦山石，鱼鳞皴示松干苍劲斑驳之态，淡墨渲染山地。画面工写兼备，细致与豪逸并存，其高山的苍翠秀润使人物更显生动传神。

茶夹：
　　用来清理茶壶内的茶叶底。

茶壶：
　　用来泡茶的主要器具，有白瓷茶壶和紫砂茶壶等。

水壶：
　　煮水用壶，常见为陶土制成。

茶仓：
　　存放与储藏茶叶用具。

斗茶始于唐代，据考创造于出产贡茶闻名于世的福建建州茶乡，是每年春季新茶制成后，茶农、茶客们比新茶优良次劣排名顺序的一种比赛活动。斗茶有比技巧、斗输赢的特点，富有趣味性和挑战性。一场斗茶比赛的胜败，犹如今天一场球赛的胜败，为众多市民、乡民所关注。唐叫"茗战"，宋称"斗茶"，具有很强的胜负色彩，其实是一种茶叶的评比形式和社会化活动。

一壶茗香遍天下

　　自唐代陆羽撰写世界上第一部茶书《茶经》开始,茶兴盛于世已有一千多年的漫长岁月。茶从平凡的"饮"逐渐升华到修身养性的境界。《茶经》像个茶之精灵,历经千年依然历久弥新,生生不息。

　　茶圣陆羽总结古人煮茶经验,自创了"煎茶法",成为当时以及后世有关茶煎煮、品饮的典范。此画为明代文徵明的《林榭煎茶图》,书卷渐次展开呈现开阔湖山、访友文人、草庐竹篱、凭窗隐士以及煎茶小童。并以高低错落的树丛、前后掩映的灌木烘托,将山水之间的逍遥隐逸生活刻画得淋漓尽致。亦将精神与感情净化,人格自然得到升华。

静则生慧

　　茶只有在宁静的环境品出真味,才能获得品饮

茶味人生

　　功名利禄来来往往,炎凉荣辱沉沉浮浮,一分淡泊,一分宁静。

煎茶

　　把茶末投入壶中和水一块煎煮。唐代的煎茶,是茶的最早艺术品尝形式。

下才能
的喜悦。

清静无为

茶的淡泊、清纯、自然与隐士所追求的宁静谦和、返璞归真相统一。

择水先择"源"

唐代陆羽《茶经》中的"其水，用山水上，江水中，井水下"。

可名可悟

品茶之味，悟茶之道，就是要用雅性去品，要用心灵去悟。

寒夜客来茶当酒

茶历来被视为清洁之物，正所谓"君子之风"与茶性相融。

茶

茗生此中石，玉泉流不歇。根柯洒芳津，采服润肌骨。

绿茶

 西湖龙井 P276

 狮峰龙井 P276

 钱塘龙井 P277

 大佛龙井 P277

 越乡龙井 P278

 扁形白茶 P278

 千岛玉叶 P279

 建德苞茶 P279

惠

 泰顺云雾茶 P285

 无锡毫茶 P285

 太湖翠竹 P286

 金山翠芽 P286

 茅山青峰 P287

 阳羡雪芽 P287

 宝华玉笋 P288

 六安瓜片 P288

 太平猴魁 P289

顶

红茶

 祁门工夫 P295

坦洋工夫 P295

正山小种 P296

 金骏眉 P296

 银骏眉 P297

 政和工夫 P297

 白琳工夫 P298

 荔枝红茶 P298

英德

青茶

 金观音 P305

 安溪铁观音 P305

 大坪毛蟹 P306

本山茶 P306

 黄金桂 P307

 水金龟 P307

 铁罗汉 P308

 武夷肉桂 P308

白

 梅占 P314

 漳平水仙 P314

 老丛水仙 P315

 冻顶乌龙茶 P315

 梨山乌龙 P316

 阿里山乌龙 P316

 木栅铁观音 P317

 东方美人 P317

白茶

新工

黑茶

 天尖茶 P325

 云南七子饼（中茶铁饼）P325

 凤凰普洱沱茶 P326

 易武正山野生茶 P326

 金大益 P327

 普洱茶砖 P327

 金瓜贡茶 P328

 勐海沱茶 P328

 云南七子关七子

明茶	仙都笋峰	松阳银猴	武阳春雨	泰顺三杯香	开化龙顶	南京雨花茶	洞庭碧螺春	溧阳翠柏	沙河桂茗
280	P280	P281	P281	P282	P282	P283	P283	P284	P284

大方	休宁松萝	黄山毛峰	都匀毛尖	信阳毛尖	贡羽茶	武当道茶	庐山云雾茶	蒙顶甘露
289	P290	P290	P291	P291	P292	P292	P293	P293

红茶	信阳红茶	宜红工夫	湖红工夫	竹海金茗	宁红工夫	滇红工夫	台湾日月潭红茶	越红工夫	九曲红梅
299	P299	P300	P300	P301	P301	P302	P302	P303	P303

鸡冠	武夷大红袍	半天腰	武夷黄观音	小红袍	不知春	正岩水仙	闽北水仙	矮脚乌龙	永春佛手
309	P309	P310	P310	P311	P311	P312	P312	P313	P313

黄茶

艺白茶	白毫银针	白牡丹	贡眉	黄茶	莫干黄芽	君山银针	霍山黄芽	霍山黄大茶
319	P319	P320	P320		P322	P322	P323	P323

| 子饼（下 饼）P329 | 01年简体 云7542 P329 | 邦盆古树茶 P330 | 曼娥古树茶 P330 | 巴达古树茶 P331 | 南糯山古树茶 P331 | 勐宋古树茶 P332 | 布朗山古树茶 P332 | 贺开古树茶 P333 | 老树圆茶（生饼）P333 |

①**汤色**：即茶水的颜色。一般标准是以纯白为上，青白、灰白、黄白，则等而下之。色纯白，表明茶质鲜嫩，蒸时火候恰到好处，色发青，表明蒸时火候不足，色泛灰，是蒸时火候太老，色泛黄，则采摘不及时，色泛红，是炒焙火候过了头。

②**汤花**：即指汤面泛起的泡沫。汤花泛起后，水痕出现的早晚，早者为负，晚者为胜。如果茶末研碾细腻，点汤、击拂恰到好处，汤花匀细，有若"冷粥面"，就可以紧咬盏沿，久聚不散。这种最佳效果，名曰"咬盏"。反之，汤花泛起，不能咬盏，会很快散开。汤花一散，汤与盏相接的地方就露出"水痕"（茶色水线）。因此，水痕出现的早晚，就成为决定汤花优劣的依据。

点茶法：

点茶道茶艺包括备器、选水、取火、候汤、习茶五大环节。

1.备器

点茶道的主要茶器有：茶炉、汤瓶、砧椎、茶钤、茶碾、茶磨、茶罗、茶匙、茶筅、茶盏等。

2.选水

宋人选水承继唐人观点，以山水上、江水中、井水下。

3.取火

宋人取火基本同于唐人。

4.候汤

蟹眼汤已是过熟，煮水用汤瓶，气泡难辨，故候汤最难。

5.习茶

习茶程序：藏茶、洗茶、炙茶、碾茶、磨茶、罗茶、盏、点茶（调膏、击拂）、品茶等。

茶筒：可插茶匙、茶则、茶漏等竹器。

水盂：盛接废弃茶水的器皿。

茶罐：放茶叶的器具。

宋代茶具：

北宋蔡襄在他的《茶录》中，专门写了"论茶器"，说到当时茶器有茶焙、茶笼、砧椎、茶钤、茶碾、茶罗、茶盏、茶匙、汤瓶。宋人的饮茶器具，尽管在种类和数量上，与唐代相比，少不了多少，但宋代茶具更加讲究法度，形制愈来愈精。如饮茶用的盏，注水用的执壶（瓶），炙茶用的钤，生火用的铫等，不但质地更为讲究，而且制作更加精细。

序言
一场怡然风雅的茶学盛宴

··

中国是茶叶的故乡，茶文化源远流长，几千年来饮茶品茗一直是中国人日常生活中不可或缺的一部分。可以说，中华文明史就是一部茶文化史，我们解读它的密码就藏在历代茶文化典籍之中。而唐代陆羽所著《茶经》无疑是其中最权威、重要、核心的一部。

陆羽一生嗜茶，精于茶道。经毕生心力，凝聚中国几千年茶文化精髓编写成就了《茶经》。《茶经》的问世具有划时代意义，它首次将茶文化发展到一个空前高度。陆羽因此被后人奉为"茶圣"、祀为"茶神"。

陆羽将《茶经》定义为"经"，意为传统的、具有权威性的茶学著作。他早在1000多年前的唐代就预言了这部旷世奇书必定流芳百世。《茶经》原文约7000余字，是世界上第一部系统介绍茶文化的专著。分上、中、下三卷，共十章，包括茶的起源、采摘、制造、工具的使用、烤煮、饮用、典故、产地等内容。《茶经》被后世茶人奉为茶学"圣经"，尊为茶事指南。后世所有关于茶事的书籍都对《茶经》有所提及，并将《茶经》奉为尊旨，其经文不敢有半字的删减。

茶能提神醒脑，含有二十几种对人体有益的药用功效。当代人由于工作繁忙、生活节奏快，饮茶成为了享受生活的一种方式。得闲去茶楼品茶是人们陶冶情操、修身养性的最好去处。爱茶之人热衷于正宗茶道的研习、茶艺表演、名茶鉴赏及品饮。云南普洱茶、西湖龙井茶、碧螺春、安溪铁观音、冻顶乌龙茶、祁门红茶……人们对这些名茶如数家珍。用专业茶具、专业茶道品地道名茶是当代爱茶人的目标。

爱茶之人几乎没有不知道《茶经》的，但由于《茶经》诞生于唐代，文字难免晦涩难懂，直接影响了人们阅读与欣赏。为了使读者能对《茶经》有更深刻认识，品出地道的"茶文化"，对爱茶和品茶者有所帮助，我们出版了《图解茶经》这本书。本书对陆羽的茶研究的主要理论作了整理与补充，分为：你需要了解的、起源、具、造、煮器、烤煮、饮用、产出、总结八大部分。由于《茶经》诞生在唐代，而中国的茶文化历经千年已有了很多重大变迁，所以我们除了全新阐述陆羽《茶经》的精髓外，也融入了大量现代的茶事经典，例如茶道、茶艺、茶俗、茶类、十大名茶等等，使您不仅能全面品味《茶经》的幽深，更能全方位了解中国茶文化的千年的进程和当代茶事。我们希望阅读本书能让您仿若走进了茶叶的清香世界，在古老与现代中品饮茶文化之源。

本书以近500幅精美的手绘插图、近100张简化表格、108幅全彩名茶图谱的全新形式演绎，使其同时具备了阅读性、收藏价值与实用价值。涵盖的人文气息也使其成为了一部修身养性的"茶学必修书"。我们为了使您能够更系统、更全面地对中国的茶文化有一个立体的感受，去除其阅读中的乏味，在章节中增加了诸多新奇且有趣的内容，譬如：

● 怎样才能制造出"珍鲜馥烈"？
● "关公巡城"、"韩信点兵"、"孟臣淋霖"、"若琛出浴"这些茶道术语暗含怎样的意义？
● 传说中的乌龙茶是怎样懵懂着成名的？
● 铁观音真的是观音菩萨带下凡界的吗？
● 我们该如何领悟陆羽倡导的"精行俭德"的精髓？

作为本书编者，我们在编写过程中，阅读了大量茶文化典籍，分析整理了有关《茶经》的相关理论知识，使其内容更丰富、充实。茶文化已经渗透进我们生活的方方面面，作为编者我们将尽其所能地为读者呈现出一部质量上乘的"当代茶经"，但由于能力有限，难免会有一些纰漏。我们由衷地希望读者能提出宝贵意见，以便我们增遗补漏，为您带来更愉悦的阅读体验。

目录

一壶茗香遍天下 1-4

中国名茶鉴赏 5-8

茶之奇趣：斗茶 10

序言：一场怡然风雅的茶学盛宴 12

本书内容导航 18

关于历代《茶经》版本探究 20

中国十大名茶 22

第一章
绝品人难识，茶经忆古人：你需要了解的

1.世界最早的茶学"圣经"：《茶经》 44

2.茶之为饮的渊源：神农氏 46

3.这部经的缔造者：陆羽 48

4.阅读本书你可以了解：中国茶文化百科 52

5.茶在中国：茶文化的历史沿革 54

6.古代茶政治：茶政与茶法 58

7.神秘的茶叶商道：茶马古道 60

8.一壶茗香遍天下：茶在世界的传播 62

9.茶人修养的最高境界：精行俭德 66

10.《茶经》的儒家思想：中庸和谐 68

11.《茶经》的道家宇宙观：清静无为 70

12.《茶经》的佛家本心：静心自悟 72

13.茶的五行：金、木、水、火、土 74

14.万病之药：二十四功效 76

15.道由心悟：茶道 78

16.升华了的艺术：茶艺 84

17.千里不同风，百里不同俗：茶俗 90

18.各具千秋的中国茶：七大茶类 94

19.西湖龙井、碧螺春的族群：历史悠久的绿茶 96

20.工夫红茶的天下：风靡世界的红茶 98

21.铁观音、冻顶乌龙的世界：天赐其福的乌龙茶 100

22.珍贵的银针：色白银装的白茶 102

23.蒙顶山上茶：疏而得之的黄茶 104

24.普洱茶的群落：独具陈香的黑茶 106

25.茉莉花茶与玫瑰花茶的群落：茶溢花香的花茶 108

26.能喝的古董：普洱茶 110

27.茶作为主角（1）：诗词、书画 112

28.茶作为主角（2）：歌舞、戏曲 114

29.茶作为主角（3）：婚礼、祭祀 116

第二章

百草让为灵，功先百草成：起源

1.寻找最初的本源：根在中国 120

2.绵长而有序的传承："茶"的字源 122

3.另一个名字：历史上的几种解读 124

4.五大初相：根、茎、叶、花、果 126

5.生长的关键：土壤、水分、光能、地形 128

6.准备好播种了吗：艺、植 130

7.无敌鉴别密技：三种鉴别法 132

8.符合人体脏腑的需要：药用成分 134

9.防病效能的前提：精行俭德之人 136

10.警告！"茶为累，亦犹人参"：选材不当的后果，"六疾不治" 138

第三章

工欲善其事，必先利其器：具、造

1.采摘双翼：凌露、颖拔 142

2.从采摘到制造茶叶的工序：七经目 144

3.七经目之一："采" 146

4.七经目之二："蒸" 148

5.七经目之三："捣" 150

6.七经目之四："拍" 152

7.七经目之五："焙" 154

8.七经目之六："穿"、"封" 156

9.唐代的饼茶审评：八个等级 158

10.鉴别之上：言嘉及言不嘉 160

11.经历各代的转变：制茶工艺的发展 162

第四章

角开香满室，炉动绿凝铛：煮　器

1.实用与艺术的完美结合：陆羽设计的煎茶器皿 166

2.设计体现五行和谐：风炉，"体均五行去百疾" 174

3.自命不凡的见证："伊公羹"与"陆氏茶" 176

4.独特的设计理念：镂—正令、守中 178

5.唐代饼茶的特殊用器：碾、罗、合、则 180

6.煮茶用具影响茶汤品质：漉水囊、绿油囊 182

7.陆羽的最爱：越窑青瓷杯 184

8.历代茶具：茶具大观 186

第五章

甘苦调太和，迟速量适中：烤、煮

1.煮的三把利器：色、香、味 192

2.讲究的技术：烤、碾 196

3.严格的选择："活火" 198

4.决定性的因素，"选水"：山水上、江水中、井水下 200

5.烧水的艺术：三沸 202

6.水温的形象化比喻：老与嫩 204

7.煮茶的艺术：煮、酌 206

8.茶汤的精华：沫、饽、花 208

9.斟茶的讲究：茶性俭，不宜广 210

第六章

饮罢方知深，此乃草中英：饮　用

1.饮茶的特殊意义：荡昏寐 214

2.饮茶最高境界："品" 216

3.处处的精益求精：九难 218

4.最重香与味：珍鲜馥烈 222

5.饮茶风尚的传播：滂时浸俗，盛于国朝 224

6.风尚的传播者：佛教僧徒 228

第七章
何山尝春茗，何处弄清泉：产 出

1.唐代茶叶产区：八道 232

2.八道之：山南道 234

3.八道之：淮南道 236

4.八道之：浙西道 238

5.八道之：浙东道 240

6.八道之：剑南道 242

7.八道之：黔中道 244

8.八道之：江南道 246

9.八道之：岭南道 248

10.从唐代到现代：茶产区的分布 250

11.从产区看茶品：四个等次 252

第八章
故雅去虚华，宁静隐沉毅：总 结

1.特定情况下的省略：制具略 256

2.高雅之士的饮茶风尚：煮具略 258

3.《茶经》的终极要求：分布写之，目击而存 260

4.总结（1）：从"品"到"心悟"的三重超脱境界 262

5.总结（2）：最终追求——天时，地利，人和 264

附录1：《茶经》原文 266

附录2：中国名茶图鉴 275

本书内容导航

图解茶经

鉴别之上

言嘉及言不嘉

10

《茶经》说"嚼味嗅香，非别也"。"别"即鉴别，对于饼茶好与不好的标准陆羽作了归纳。

章节序号

本书每章节分别采用不同色块标识，以利于读者寻找识别。同时用醒目的序号提示该文在本章下的排列序号。

● **饮茶的品质规格和要求**

茶叶原料：长至四五寸的新梢。

外形：圆形、方形、花形的饼状压制茶。

制造工艺：蒸气杀青、捣茶、人力压模、烘焙干燥、计数、封藏。

品质："啜苦咽甘"（进口苦、回味甜）；"珍鲜馥烈"（香味鲜爽、浓强）；茶汤有白而厚的沫、饽、花（泡沫）。

饮用方法：碾碎，并在沸水中加盐、煎煮。

● **"言嘉"（好）与"言不嘉"（不好）的评茶技术**

（1）**光泽**：出膏的表现。饼茶的外形光滑、出膏，这是好的；茶汁压出，滋味淡了，这是不好的。

（2）**皱纹**：含膏的表现。外形褶皱，看起来不好，但茶汁流失少，茶味浓了，这是好的。

（3）**颜色**：制作时间的表现。黑色是隔夜制作，黄色是当日制作，当天比隔夜制作好。黄色比黑色好。但黑色汁多，黄色汁少，黄色的汤品又比黑色的差。

（4）**平正**：蒸压紧实的表现。饼面凹凸，蒸压粗松；饼面平正比凹凸好看，但蒸压得实，茶汁流失多，凹凸不平反而比平正的好。

● **现代评茶技术**

茶叶的色、香、味由上百种化学成分组成。即使应用现代的科学仪器测定茶叶成分，其品质的优劣也不能以它的化学成分含量多少来评判。现代的茶学工作者已经可以运用物理、化学方法来评判茶叶了。

物理检定：根据干茶外形与茶品的相关性，对一定容量内茶叶重量，或一定重量的茶叶所占容积大小加以测定，并计算容量或比容。

化学检定：应用各种仪器，如紫外线分光光度计、气（液）相色谱仪、质谱仪等，测定茶汤中的有效质含量和芳香物质的香型，并通过电脑进行统计分析。

正文

通俗易懂的文字，让你轻松阅读。

160

图解标题

　　针对内文所探讨的重点图解分析，帮助读者深入领悟。

饼茶品质好坏的鉴别

饼茶外表

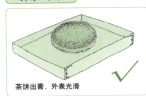

茶饼出膏，外表光滑 ✓

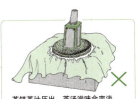

茶饼茶汁压出，茶汤滋味会变淡 ✗

含膏的表现

外形褶皱，滋味浓 ✓

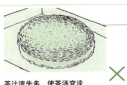

茶汁流失多，使茶汤变淡 ✗

饼茶颜色差别

黑色茶饼：隔夜制作（汁多）✓

黄色茶饼：当日制作（汁少）✗

蒸压程度

饼面凹凸、粗松 ✓

饼面平正、紧实 ✗

具、造

言嘉及言不嘉

插图

　　较难懂的抽象概念运用具象图画表示，让读者可以尽量形象直观地理解原意。

图表

　　将隐晦、生涩的叙述，以清楚的图表方式呈现。此方式是本书的精华所在。

特别提示

　　古人在书中用别称代替"茶"这种特用作物。或以形命名，或以性能命名，或仅仅以其自身对茶的感知来起一个雅观的名。

特别提示

　　本书本章节中要注意的问题和细节说明。

关于历代《茶经》版本探究

年代	作者	著录	收藏	未标明	名称
唐代		✓			《新唐书·艺文志·小说类》
唐代		✓			《唐人说荟》（《唐代丛书》本）
宋代	郑樵	✓			《通志·艺文略·食货类》
宋代	晁公武	✓			《郡斋读书志·农家类》
宋代	陈振孙	✓			《直斋书录解题·杂艺类》
宋代		✓			《百川学海》
不详		✓			《宋史·艺文志·农家类》
明代 弘治十四年	不详		✓		华珵刻递修本
明代 嘉靖十五年	郑氏		✓		莆田郑氏刻本
明代 嘉靖二十二年	柯氏		✓		柯氏刻本
明代 嘉靖	吴旦	✓			吴旦刻本
明代万历十六年	孙大绶		✓		秋水斋刻本
明代万历十六年	程福生		✓		竹素园刻本
明代	汪士贤		✓		《山居杂志》
明代			✓		乐元声刻本
明代		✓			《百名家书》
明代		✓			《格致丛书》
明代		✓			《唐宋丛书》
明代		✓			《茶书全集》
明代	吕氏	✓			吕氏十种本

明代		✓			《五朝小说》
明代			✓		《文房奇书》
明代			✓		《小史集雅》
明代	鲍士恭（家藏）	✓			《别本茶经》
清代 雍正十三年	陆廷灿		✓		寿椿堂刻本（《续茶经》本）
清代 嘉庆十年	张氏		✓		照旷阁刻本（《学津讨原》本）
清代			✓		《四库全书总目提要》
清代				✓	《古今图书集成》
清代	吴其浚			✓	《植物名实图考长编》
民国十二年	卢氏		✓		慎始基斋影印本（《湖北先正遗书》本）
民国		✓			西塔寺刻本
日本		✓			日本宝历刻本
日本 天保十五年		✓			日本京都书肆年补刻本
日本	诸冈存			✓	《茶经评释》
1935	威廉·伍克斯（美国）			✓	《茶叶全书》（英译本）
1949	威廉·伍克斯（美国）			✓	《茶叶全书》（汉译本）

中国十大名茶

依据1959年全国"十大名茶"评比会所选

 ① 西湖龙井　　　　　色绿香郁　味甘形美

　　西湖龙井茶有"色绿、香郁、味甘、形美"四绝的美誉。"龙井"之名取自浙江省杭州市西湖西南方的龙井村。值得一提的是，清朝乾隆皇帝六次下江南，曾有五次专门为西湖龙井茶作诗，其中最著名的一首是《观采茶作歌》。中国古代皇帝专门为茶写诗是十分罕见的，由此可见乾隆皇帝对于西湖龙井茶的重视程度。龙井茶因此一度被封为"御茶"，这也是龙井茶驰名中外的重要原因。

　　龙井茶采摘的特点：一是早，二是嫩，三是勤。龙井茶历来讲究以早为贵，以清明前采制的品质为好，称为"雨前茶"。采摘十分强调芽叶的细嫩与完整。通常只采一个嫩芽，称"莲心"；采一芽一叶，叶似旗、芽似枪，称"旗枪"；采一芽两叶初展，形如雀舌，称"雀舌"。

　　西湖山区各地所产龙井茶，由于生长条件的不同，质量、炒制技巧的差异，形成不同的品质。历史上按产地分为四个品种，即狮、龙、云、虎四个字号。以狮峰龙井质量最佳。现今调整为狮、龙、梅三个品种，仍以狮峰龙井质量最佳。

● 采摘标准

　　龙井茶的采摘按标准采大留小，到了中后期以后要隔几天采摘一次，全年茶叶生产季节中大约要采摘30批。

辨茶品饮方法

① 从外形上看，西湖龙井茶条索扁平光滑、挺直尖削，干茶颜色呈嫩绿色或翠绿色光润，茶香持久而不腻，闻香可沁人心脾。

② 沏泡后，茶芽直立，在杯中舒展、沉浮，茶香馥郁，茶汤碧绿明亮，叶底嫩绿成朵匀齐。

③ 入口后，滋味醇厚甘鲜，有清新之感，回味无穷。

西湖龙井的特征

干茶 扁平光滑 挺直尖削　　**茶汤** 碧绿明亮　　**叶底** 成朵匀齐

特征

形　　状：扁平光滑，挺直尖削	沏泡方法：水温85℃左右，冲泡1分钟后
茶　　色：翠绿色光润	揭开茶杯盖
茶　　香：馥郁清香	最佳产地：浙江省杭州市西湖风景名胜区
茶　　味：味醇甘鲜	（原西湖区西湖乡）
最宜茶具：玻璃茶杯	

杭州市
浙江省

西湖龙井的传说

1 传说某年乾隆皇帝到了杭州龙井茶园观看乡女采茶。

2 太监禀报太后有病，乾隆帝情急之下采了一把茶叶回宫。

3 太后喝了龙井茶后，觉得身轻体舒，视其为灵丹妙药。

4 乾隆帝遂封龙井村的十八棵茶树为御茶，每年采摘进贡太后。

② 洞庭碧螺春　　　　　形美色艳　香浓味醇

　　洞庭碧螺春产于江苏省苏州市吴中区太湖的洞庭东、西山，成茶外形卷曲如螺、白毫密布，香气呈花果香。洞庭碧螺春是我国名优绿茶中的珍品，以形美、色艳、香浓、味醇"四绝"闻名中外。该茶历史悠久，始于明朝，在乾隆下江南时已经声名显赫，曾列为贡茶。碧螺春的制作分为采、拣、摊凉、杀青，炒揉、搓团、焙干等工序。碧螺春的贮藏也很讲究，要求足干后用铝箔袋包装，隔绝空气中的氧气和水分，放在冰箱内低温贮藏。

　　碧螺春享有"一嫩（芽叶）三鲜（色、香、味）"的美称。它以"细秀"的特点在众多名茶中独树一帜。其茶叶若装在瓶子里，看起来相当蓬松，历来有"一斤碧螺春，四万春树芽"之称。可见芽叶的细嫩程度。

● 采摘标准

　　碧螺春生产季节性强，采摘十分精细，它的采摘有三大特点：一是摘得早，二是采得嫩，三是拣得净。采摘自春分开始至谷雨结束，期间不到一个月。高档极品碧螺春则在三月中旬至清明前采摘，标准为一芽一叶初展时。采回的芽叶及时进行精心挑拣，除去鱼叶和不符合标准的芽叶，保持芽叶匀整。

辨茶品饮方法

① 从外形上看，碧螺春条索纤细，卷曲成螺，细小而且茸毛较多，极品碧螺春每500克茶有60000多个芽头，十分细嫩。干茶颜色银绿隐翠，白毫密布。

② 沏泡后，初放茶叶，因白毫较多，茶汤有短暂的浑浊，片刻之后茶汤清明，成浅绿色。茶香嫩香芬芳，茶汤嫩绿清澈，叶底细嫩绿亮。

③ 入口后，滋味鲜美甘醇，有花果香。

洞庭碧螺春的特征

干茶 条索纤细　卷曲成螺　　**茶汤** 嫩绿清澈　　**叶底** 嫩绿柔匀

江苏省
苏州市

特征

形　　状：条索纤细，卷曲成螺	**最宜茶具**：直筒玻璃杯	
茶　　色：银绿隐翠	**沏泡方法**：先冲开水后放茶，或用70℃~80℃	
茶　　香：嫩香芬芳，有花果香	开水冲泡。	
茶　　味：鲜醇甘厚	**最佳产地**：江苏省苏州市吴中区太湖洞庭山	

洞庭碧螺春的传说

1 古时西洞庭山上的碧螺姑娘深深爱着名叫阿祥的小伙子。

2 太湖中的恶龙想要霸占碧螺，阿祥挺身与之搏斗。

3 碧螺为了报答他，用洞庭山上茶叶泡茶给阿祥喝。

4 后来，碧螺病死在爱人怀中，为了纪念她，人们将洞庭山的茶叶命名为"碧螺春"。

③ 黄山毛峰

鱼叶金黄 色如象牙

属于绿茶种类，是绿茶中的又一珍品。黄山毛峰产茶历史悠久，产于安徽省黄山，主要分布在桃花峰的云谷寺、松谷庵、慈光阁及半寺周围。这个地区的自然条件十分优越，山高林密，云雾多，日照时间短，茶树有云雾的滋润，自然形成了其良好的品质。

黄山毛峰采制十分精细。成茶外形微曲如雀舌，显白毫，香如白兰，味醇甘。黄山毛峰品质分为特级和一、二、三级。

制作工艺分杀青、烘焙二道工序。杀青要求翻得快，扬得高，撒得开，捞得净。直到炒至叶色转暗时出锅。特、一级毛峰不经揉捻，二级以下用手揉捻。

特级毛峰经沸水冲泡时，雾气升腾，其香浓郁，茶叶悬浮直竖茶汤中，慢慢下沉，经多次冲泡仍会有余香。

● 采摘标准

黄山毛峰采摘细嫩，特级黄山毛峰的采摘标准为一芽一叶初展，采摘于清明前后；一级毛峰采摘标准为一芽一叶、一芽二叶初展；二级毛峰采摘标准是一芽二叶；三级毛峰采摘标准是一芽二、三叶初展。1～3级黄山毛峰在谷雨前后采摘。为了保质保鲜，一般要求上午采，下午制；下午采，当夜制。

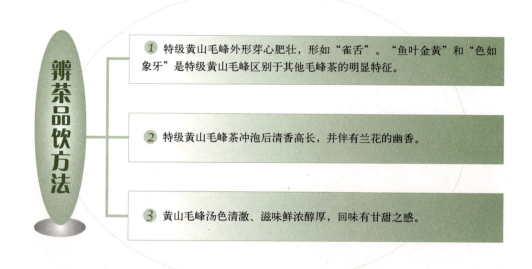

辨茶品饮方法

① 特级黄山毛峰外形芽心肥壮，形如"雀舌"。"鱼叶金黄"和"色如象牙"是特级黄山毛峰区别于其他毛峰茶的明显特征。

② 特级黄山毛峰茶冲泡后清香高长，并伴有兰花的幽香。

③ 黄山毛峰汤色清澈、滋味鲜浓醇厚，回味有甘甜之感。

黄山毛峰的特征

干茶 条索肥状

茶汤 清澈明亮

叶底 嫩黄柔软

特征

形　状：条索肥壮、形似"雀舌"	最宜茶具：玻璃茶杯、带托茶碗、紫砂茶具
茶　色：嫩绿带黄	沏泡方法：水温85℃~90℃，冲泡时间一般为
茶　香：清香高长	3~10分钟
茶　味：鲜醇甘甜	最佳产地：安徽省黄山、休宁

安徽省
休宁
黄山

黄山毛峰的传说

1 明代，有位县官去黄山游玩，当夜借宿于寺中，老方丈奉茶敬客。

2 茶汤中热气直线升腾，约一尺高，在空中转了一圈，化成一朵白莲花。

3 老方丈叮嘱饮茶必须用黄山泉水才能出现莲花奇观。

4 黄山毛峰遂与黄山的"四绝"奇观一样称雄于世。

④ 君山银针

鲜纯持久 清凉解毒

历史名茶，属于黄茶。创始于唐代，唐代叫做"黄翎毛"，宋代叫"白鹤茶"。产于湖南省洞庭湖中的君山岛上，因为成品茶的茶芽挺直，形似银针而得名"君山银针"。

君山又名洞庭山，此地区土壤肥沃，气温温和，年平均降水量为1340毫米，气候非常湿润。春、夏之时，湖面云雾弥漫，君山岛上林木繁茂，十分适宜茶树生长。

君山银针制作工艺为摊青、杀青、摊凉、初烘、摊凉、初包（闷黄）复烘、摊凉、复包（闷黄）、足火等工序。根据成品茶芽头的肥壮程度，君山银针可以分特号、一号、二号三个档次。君山银针是黄茶中的珍品，其色、香、味、形俱佳，因芽头呈金黄色，赞为"金镶玉"。如用玻璃杯冲泡，汤色杏黄纯净，茶芽头悬空竖立，慢慢下沉并竖于杯底。叶底肥厚匀亮，滋味甘醇，久置不变味。

● 采摘标准

君山银针的采摘要求十分严格，每年的采摘时间一般在清明后七天到十天，采摘标准为春茶的首轮嫩芽，直接从茶树上采拣芽头，盛茶的篮内要衬有白布。同时还要做到雨天不采、风伤不采、开口不采、发紫不采、空心不采、弯曲不采、虫伤不采。

辨茶品饮方法

① 从外形上看，君山银针芽头肥壮挺直、毫色金黄，干茶颜色呈嫩黄色，且十分光亮。

② 沏泡后，芽尖冲向水面，然后缓缓下落，竖立于杯底，这一过程最多可达3次。茶香清纯持久，茶汤杏黄明净，叶底嫩黄匀亮。

③ 入口后，滋味甜爽鲜醇。

君山银针的特征

干茶 肥壮挺直

茶汤 杏黄明净

叶底 嫩黄匀亮

岳阳市 ●
湖南省

特征

形　状：芽壮挺直、毫色金黄		**最宜茶具**：透明玻璃杯	
茶　色：嫩黄润		**冲泡方法**：水温在100℃左右，时间约5~8分钟	
茶　香：清纯持久		**最佳产地**：湖南省岳阳洞庭湖的君山	
茶　味：甜爽鲜醇			

君山银针的传说

1 相传君山茶的第一颗种子是4000多年前娥皇女英播下的。

2 后唐的明宗皇帝有一次喝茶时，杯中白雾升腾，现出了一只仙鹤。

3 仙鹤对他点了三下头，朝远方飞走了。

4 明宗看到杯中茶叶悬空直竖起来，像一只银针一般。

5 武夷大红袍

茶中状元 稀世之珍

历史名茶，属于乌龙茶，素有"茶中状元"的美称。是武夷岩茶中的佼佼者，堪称国宝。

武夷山位于福建省武夷山市东南部地区。大红袍长于武夷山天心岩九龙窠岩壁上。岩壁高耸，日照较短，气温变化并不大。岩顶终年细泉流淌，土壤肥沃。特殊的地理环境，成就了大红袍的优异品质。

武夷山大红袍成品茶外形紧结，色泽绿褐。冲泡后茶汤橙黄，叶片呈红绿相间的色彩，有非常明显的"绿叶红镶边"的特征。大红袍品质最优之处是它的香气，其香馥郁而持久，茶味醇厚，品后舌齿间留有茶香。

● 采摘标准

采摘3～4叶开面新梢。

辨茶品饮方法

① 从外形上看，武夷大红袍条索紧结、壮实，干茶颜色呈深褐色，鲜润有光泽。

② 沏泡后，茶香香气馥郁并有兰花香，细锐持久，"岩韵"明显。茶汤橙黄明亮，叶底红绿相间。

③ 入口后，滋味醇厚浓郁，冲泡7～8次后，仍然不失原茶的真味。

武夷大红袍的特征

干茶 条索紧结、壮实　　**茶汤** 橙黄明亮　　**叶底** 红绿相间

武夷山
福建省

特 征

形　　状：条索紧结、壮实	最宜茶具：紫砂壶
茶　　色：深褐色带宝色	沏泡方法：水温100℃左右，冲泡2～3分钟
茶　　香：细锐幽长	最佳产地：福建省南平市武夷山天心岩天心寺
茶　　味：醇厚甘爽	之西的九龙窠

武夷大红袍的传说

1 古时一位穷秀才上京赶考，途中病倒在武夷山下。

2 天心庙的老方丈将其救起，为他泡了碗茶。

3 秀才病好后，金榜题名，中了状元。

4 秀才为了谢恩，将皇帝赐的大红袍披在茶树上，将其视为"茶中状元"。

大红袍

⑥ 安溪铁观音

天然饮料 醇厚甘鲜

安溪铁观音为我国乌龙茶类中特有的极品。原产于福建省安溪县西坪尧阳。铁观音既属于乌龙茶名称，又是一种茶树种类。铁观音的采摘必须在茶芽形成了驻芽，顶芽形成了小开面时及时采下二三叶片，以晴天、午后的鲜叶质量最佳。

上等铁观音茶条肥壮、圆结、沉重；色泽砂绿油润，红点鲜艳，叶表有白霜，这是优质铁观音的重要特征。铁观音汤色金黄明亮、持久，叶底肥厚，具有丝绸光泽。冲泡后的茶叶具有"绿底红镶边"的特征，醇厚甘鲜、入口回甘；香气馥郁持久，有"七泡有余香"的美誉。

铁观音含有较高的氨基酸、维生素、矿物质、茶多酚和生物碱，有多种营养和药效成分，具有清心明目、杀菌消炎、减肥美容、延缓衰老、防癌症、降血脂、减少心血管疾病等功效。

● 采摘标准

一年分四季采制，以春茶品质最好，秋茶次之，夏、暑茶品质较次。标准为嫩梢形成驻芽后，顶叶刚开展呈小开面时，采摘二、三叶。要求做到不折断叶片，不折叠叶张，不碰碎叶尖，不带单片，不带鱼叶和老梗。

辨茶品饮方法

① 从外形上看，铁观音条索卷曲、壮实沉重，圆整呈蜻蜓头状，干茶颜色鲜润，砂绿明显。

② 冲泡后，茶香馥郁持久，带有兰花香或者花生的清香，茶汤呈金黄色，浓艳清澈，叶底肥厚明亮有光泽。

③ 入口后，滋味醇厚甘鲜，鲜爽回甘，微带蜂蜜的味道。

安溪铁观音的特征

干茶 条索卷曲

茶汤 浓艳清澈

叶底 肥厚明亮

特征

形　　状：条索卷曲、壮实沉重	**最宜茶具**：陶瓷盖碗	
茶　　色：鲜润	**沏泡方法**：水温在100℃左右，时间约1~3分钟	
茶　　香：馥郁持久	**最佳产地**：福建省安溪县	
茶　　味：醇厚甘鲜		

福建省
安溪县●

安溪铁观音的传说

1　清朝乾隆年间，安溪有位茶农每日泡茶三杯供奉观音。

2　一夜，他梦见一株形似观音，散发兰花香气的茶树。

3　第二天，他果然在崖石上发现了这株茶树。

4　茶树美如观音，重如铁，因此称为"铁观音"。

⑦ 祁门红茶

天然饮料 醇厚甘鲜

属于世界三大高香茶之一，工夫红茶中的珍品。产于安徽省祁门县，创制一百多年来，其优异的品质一直保持不变。祁门红茶在红茶中独树一帜，历百年而不衰，并以高香形秀著称，在国际市场上博得持久称赞，称为"茶之佼佼者"。

祁门红茶制作工艺包括：萎凋、揉捻、发酵、毛火、足火等工序。

祁门红茶具有独特的果糖香味，清高悠长，独树一帜，国际市场上将其称为"祁门香"。祁门红茶汤色红艳，叶底红亮，入口甘醇，回味无穷。英国人最喜爱祁门红茶，皇家贵族以饮祁门红茶为时髦，曾用此茶向皇后祝寿，赞美为"群芳最"。

● 采摘标准

高档茶的采摘标准是以一芽一、二叶为主，一般茶采摘标准则是一芽二、三叶及相应嫩度的对夹叶。

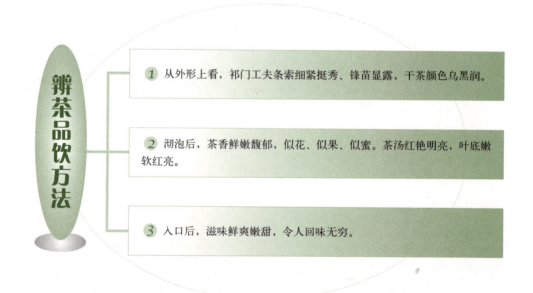

辨茶品饮方法

① 从外形上看，祁门工夫条索细紧挺秀、锋苗显露，干茶颜色乌黑润。

② 沏泡后，茶香鲜嫩馥郁，似花、似果、似蜜。茶汤红艳明亮，叶底嫩软红亮。

③ 入口后，滋味鲜爽嫩甜，令人回味无穷。

祁门红茶的特征

干茶 条索细紧挺秀

茶汤 红艳明亮

叶底 嫩软红亮

特征

形　状：条索细紧挺秀、锋苗显露	最宜茶具：陶瓷茶具
茶　色：乌黑润	沏泡方法：水温在100℃左右，冲泡约1～3分钟
茶　香：鲜嫩馥郁	最佳产地：安徽省黄山市祁门县
茶　味：醇厚隽永	

安徽省
祁门县

祁门红茶的传说

1 清朝光绪年间，祁门绿茶嗜饮成风，并不生产红茶。

2 黟县人余干臣回乡设立茶庄，开始改制红茶。

3 祁门其他茶庄纷纷效仿改制红茶，于是红茶大兴。

4 各地均以品饮"祁门红茶"为尚。

⑧ 庐山云雾茶

芬芳高长 浓醇鲜甘

庐山云雾茶产于江西九江市庐山，主要茶区位于海拔800米以上的汉阳峰、五老峰、小天池等地。这里由于江湖水蒸腾形成云雾，尤其以五老峰和汉阳峰之间，云雾终日不散，因此所产的茶品质最好。随着技术的发展，庐山云雾茶的制作方法也不断改进，它的加工工艺包括杀青、抖散、揉捻、炒二青、理条、搓条、拣剔、提毫、烘干九道工序。1971年，庐山云雾茶被列为中国绿茶类的特种名茶；1982年，庐山云雾在全国名茶评比中被定为中国名茶。庐山云雾茶由于品种优良，深受国内外消费者的喜爱。

● 采摘标准

由于气候原因，庐山云雾茶比其他茶采摘得晚，一般在谷雨之后立夏之间开始开园采摘，鲜叶原料以一芽一叶初展为标准，长度为3厘米左右。剔除紫芽，病虫害叶后放于阴凉处4~5小时后进行炒制。

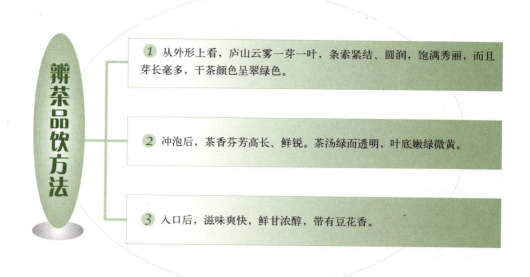

辨茶品饮方法

① 从外形上看，庐山云雾一芽一叶，条索紧结、圆润，饱满秀丽，而且芽长毫多，干茶颜色呈翠绿色。

② 冲泡后，茶香芬芳高长、鲜锐。茶汤绿而透明，叶底嫩绿微黄。

③ 入口后，滋味爽快，鲜甘浓醇，带有豆花香。

庐山云雾茶的特征

干茶 紧结重实　　　　**茶汤** 清澈明亮　　　　**叶底** 嫩绿微黄

九江市
江西省

特 征

形　　状：条索紧结重实、饱满秀丽	最宜茶具：玻璃杯
茶　　色：翠绿色	沏泡方法：水温为75℃~85℃
茶　　香：芬芳高长	最佳产地：江西省九江市庐山含鄱口仙人洞等地
茶　　味：浓醇鲜甘	

庐山云雾茶的传说

据载，庐山种茶始于晋朝。唐朝时，文人雅士一度云集庐山，庐山茶叶生产有所发展。相传著名诗人白居易曾在庐山香炉峰下结茅为屋，开辟园圃种茶种药。宋朝时，庐山茶被列为"贡茶"。庐山云雾茶色泽翠绿，香如幽兰，味浓醇鲜爽，芽叶肥嫩显白毫。

1 传说孙悟空在花果山当猴王的时候，忽然想要尝尝王母娘娘喝过的仙茶，于是一个跟头飞到天庭的茶园去寻茶。

2 他不知如何采时，天边飞来了一群多情鸟，来到茶园，帮他一个个衔了茶籽，往花果山飞去。

3 飞过庐山上空时，鸟们情不自禁唱起歌来。茶籽掉进了庐山岩隙中。从此庐山便长出了清香袭人的云雾茶。

信阳毛尖

细圆紧直 风格独特

信阳毛尖也称"豫毛峰"，是全国十大名茶之一。信阳产茶已经有两千多年的历史了，茶园主要分布在车云山、集云山、天云山、云雾山等群山的峡谷之间。山上溪流纵横、云雾多滋生孕育了肥壮柔嫩的茶叶，为制作出风格独特的品质提供了天然条件。信阳毛尖外形细、圆、紧、直、多白毫，内质香气清高，汤绿味浓。

● 采摘标准

一般在4月中、下旬开始采摘，分20～25批次采，每隔2～3天循回采一次。特级毛尖，采一芽一叶初展；一级毛尖，采一芽一叶；二三级毛尖，采一芽二叶；四五级毛尖，采一芽三叶及对夹叶。原则是不采老叶、小叶、蒂梗、鱼叶。

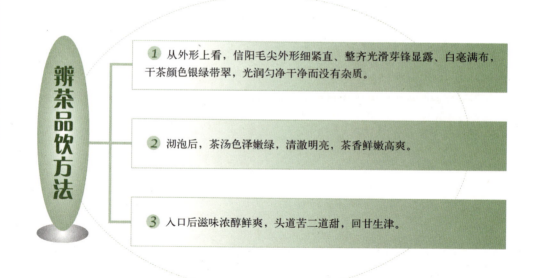

辨茶品饮方法

① 从外形上看，信阳毛尖外形细紧直、整齐光滑芽锋显露、白毫满布，干茶颜色银绿带翠，光润匀净干净而没有杂质。

② 沏泡后，茶汤色泽嫩绿，清澈明亮，茶香鲜嫩高爽。

③ 入口后滋味浓醇鲜爽，头道苦二道甜，回甘生津。

信阳毛尖的特征

干茶 光滑整齐　　　　　**茶汤** 明亮清澈　　　　　**叶底** 嫩绿均匀

特征

形　状：	细紧圆直、锋苗显露	最宜茶具：	玻璃杯
茶　色：	银绿翠润、白毫遍布	沏泡方法：	水温一般为85℃左右，冲泡2分钟左右
茶　香：	鲜嫩高爽	最佳产地：	河南省南部大别山区的信阳市
茶　味：	浓醇回甘		

河南省
信阳市

信阳毛尖的由来

　　信阳毛尖产于河南省信阳县。茶区山峦起伏、多云雾、溪涧纵横，适宜茶树生长。此地已有2000多年的产茶历史。信阳毛尖外形紧直，显白毫，气味清香，茶汤绿浓。

1 传说古时信阳毛尖种在鸡公山上，叫"口唇茶"，为九天仙女所种。

2 沏开水后，升起的雾气中会出现九个仙女，一个个翩然飞去。

10 六安瓜片

清香高爽 鲜醇回甘

　　六安瓜片又名片茶，产于六安、金寨、霍山三县之毗邻山区和低山丘陵，分内山瓜片和外山瓜片两个产区。六安瓜片是国家级历史名茶，也是中国十大经典名茶之一。六安瓜片炒制分生锅、熟锅、毛火、小火、老火五道工序。其采摘、扳片、炒制、烘焙技术在我国名优绿茶中是绝无仅有的。其瓜子片的形状，不追求单芽，内质香高味甘爽，风格独具。

● 采摘标准

　　六安瓜片的采摘标准与其他名茶不同，春茶于谷雨后开园，标准以对夹二三叶以及一芽二三叶为主，单片不带芽梗。

辨茶品饮方法

① 六安瓜片干茶外形呈单片状瓜子形，大小非常匀整，不含尖芽、茶梗，冲泡后，叶脉遇水舒展，自上而下飘落，片片叠加。

② 六安瓜片具备铁青透翠，老嫩、色泽一致的特点，以清香高爽或者幽香为上乘，有青草味说明炒制功夫欠缺。

③ 沏泡后，汤色浓绿透亮，香气高爽且持久，入口后，鲜醇回甘，浓郁鲜爽。

六安瓜片的特征

干茶 瓜子片形

茶汤 浓绿透亮

叶底 绿嫩鲜活

安徽省
六安市

特征

形　　状：形似瓜子，单片背卷	最宜茶具：陶瓷、玻璃茶具
茶　　色：宝绿色	沏泡方法：水温一般为85℃左右
茶　　香：清香高爽	最佳产地：安徽省六安市
茶　　味：鲜醇回甘	

六安瓜片的传说

　　六安瓜片已有300多年历史，其前身名为"齐山云雾"。20世纪初，六安茶行的评茶师只拣取绿茶嫩叶，剔除芽梗，以单片嫩芽炒制而成。

淮南道地图

舒州兰花茶
舒城
六安
寿州　六安瓜片
信阳　光州　东首浅山片茶
义阳郡
黄冈　信阳毛尖
蕲州　蕲门团黄

　　茶叶形似葵瓜子，故称"瓜子片"，即"瓜片"。主要产于安徽六安、金寨。

　　"瓜片"于谷雨前采制。先要将鲜叶叶片与芽梗分开，经炒片，炒成片状，再烘干。

　　六安瓜片外形匀整，色泽翠绿，滋味鲜醇回甘，汤色碧绿，叶底黄绿明亮，香味清香持久。

第1章

绝品人难识，茶经忆古人

你需要了解的

自唐代陆羽撰写世界上第一部茶书《茶经》开始，茶兴盛于世已有一千多年的漫长岁月。这部茶学专著堪称一部"高山仰止"的绝品——它把茶从平凡的"饮"升华到修身养性的境界，其广、全、精的内涵让后世人不断对其倡导的茶学精神引用、例证，并加以发扬。它像个茶之精灵，历经千年依然历久弥新，生生不息。

敝潮

日中扫盐

本章内容提要

茶学"圣人"和茶学"圣经"
茶文化的历史
茶政、茶法和茶马古道
茶道、茶艺和茶的五行
茶类和茶俗
茶与婚礼、祭祀
各种名茶

世界最早的茶学"圣经"

《茶经》

公元758年左右，世界上最早的一部茶学专著《茶经》在中国诞生。它对后世茶叶生产以及茶文化发展起到了极其巨大的推动作用。

《茶经》是唐代陆羽撰写的一本有关茶叶百科的经典。它的问世，是中国茶文化发展到一定阶段的重要标志，是唐代茶业发展的产物，是古代茶人关于茶经验的总结。陆羽苦心收集了历代茶叶史料，将自身调查、实践的经验记录下来，总结了唐代及以前各代有关茶的典故、产地、功效、培植、采摘、煎煮、饮用等知识，是我国古代最完备、系统的一部茶书。使茶叶生产自此有了较完整的科学理论依据，对茶叶生产发展起到了巨大的推动作用。

● 中唐以前所有茶事的总结

在中唐之前，中国已开始有茶文化萌芽，虽然历代史书对于茶有诸多记载，但对于茶的定义，以及"茶"字的确立一直是悬而未决。直到陆羽撰写《茶经》将这些史料一一记述下来，并自此确定了"茶"字。

《茶经》"七之事"记载诸多史籍中有关茶事的典故，涉及人物有几十个，记录了有关茶的特征、产地、效能、药用、饮用、解乏、品鉴、清廉、茶传说、茶事、祭祀、茶诗词等广泛内容。另外，在"一之源"中，还记述有"巴山峡川"有两人合抱的大茶树，"茶"字字源，茶在历史上的五种称谓等。陆羽有史有据地将诸多茶史典故记述出来，描绘出了中唐以前茶事的历史"画卷"。

● 茶文化学科的肇始

《茶经》记述有茶树种植、采摘、烹饮、历史典故，是茶文化学的萌芽与根基。后世茶人在其基础上加以补充、完备，使茶文化最终成为一项学科。

● 茶叶煎煮、品饮的"教科书"

陆羽总结古人煮茶经验，自创了"煎茶法"，并列出了28件煮饮用具，记述了煎茶的操作方法和过程。"六之饮"提出"茶有九难"，并指出煮好茶就必须注意"造、别、器、火、水、炙、末、煮、饮"这九项。陆羽自创的"煎茶法"在当时以及后世都成为了有关茶煎煮、品饮的典范。

煎茶品饮之道的指南书

古代有关茶的记载

特性　种植　产地　品饮　药用　典故　传说

茶经 陸羽

一之源　二之具　三之造　四之器　五之煮　六之饮　七之事　八之出　九之略　十之图

你需要了解的

『茶经』

① **一之源** （茶的起源）茶的由来、特征、产地、生长环境，种茶方法、药用效能等。

② **二之具** （茶叶采制用具）采制、加工茶叶的各种工具（名称、外形描述、性能、功用等）。

③ **三之造** （茶叶的采制）采茶时节、采摘茶叶的选择，从采摘到封装的七道工序、八个等级等。

④ **四之器** （煮茶用具）煮茶、饮茶各种器皿（名称、外形描述、性能、功用等）。

⑤ **五之煮** （煮茶的方法）煮茶的过程、技艺（烤茶的方法、制茶方式、煮茶用水选择、水的沸腾等级、饮用方法、茶汤颜色、气味、滋味等）。

⑥ **六之饮** （茶的饮用）饮茶的风俗、方法、赏鉴（喝饮的意义、历代名人饮茶列举、茶的九难）。

⑦ **七之事** （茶事的历史记载）有关的历史记载、故事和效用。

⑧ **八之出** （茶的产出）列举全国重要茶叶产地和所出茶叶等级。

⑨ **九之略** （茶具的省略）概述在野外不同场所进行品茶哪些器皿可以省略。

⑩ **十之图** （书写张挂）主张将《茶经》各章节文字书写、张挂，随时都可看到。

45

茶之为饮的渊源

神农氏

神农氏即炎帝，中华民族的始祖之一，相传是茶树的最早发现者，古代农耕、医药的发明者。中国人饮茶历史悠久，肇始于何时，众说纷纭。几千年来人们约定俗成地将茶叶被发现、应用归功于神农氏，自他而始，据此为源。

传说上古时期的神农氏，生于烈山（今湖北省随州九龙山南麓），长于姜水（今陕西省宝鸡市）。相传他是牛首人身，出生三天会说话，五天能走路，七天长齐了牙，三岁知道农耕之事。他是远古时期姜姓部落首领，因发现火种造福人类，故称炎帝。其部落最初的活动区域在今陕西南部，后沿黄河向东与黄帝部落发生冲突。在阪泉之战中，黄帝打败炎帝，两部落合并组成华夏族，因此今日中国人自称为"炎黄子孙"。

《茶经》记载："茶之为饮，发乎神农氏。"这里明确指出了茶与神农氏的渊源，以及茶叶被发现而加以应用源自于此：相传在2700年前的一天，神农氏在森林中遍尝百草，某天觉得口渴，便在一棵野茶树下烧水。这时一阵微风吹过，几片翠绿的野茶树叶飘落在即将烧开的水中。煮开的水色微黄，神农氏喝入口中，顿觉神清气爽，由此，茶便被发现了。 因此后代假托神农氏之名所作的《神农食经》载曰："茶茗久服，令人有力，悦志。"由此可见，五千年前，茶最初是以"药"的身份出场。

另一个传说例证是："神农尝遍百草，日遇七十二毒，得茶而解之。"（《神农本草经》）相传神农氏吃了一种药草后不幸中毒，幸得茶叶汁流入口中才保住性命。从此茶就成为了解毒的特效药。《神农本草经》的成书时间不会晚于西汉初年，至少在当时，我们的祖先已经认识到茶的药用功效了。

有关"茶"（chá）字音的由来传说也非常神奇：相传神农氏的肚皮是透明的，五脏六腑可以看得一清二楚。当他吃下茶叶时，发现茶叶在肚里到处流动，"查来查去"，好像将肠胃洗过一样，因此神农称这种植物为"查"（chá），后人则称之为"茶"。

炎帝神农氏的传说

炎帝神农氏在位时,国泰民安。传说他最先尝百草,种五谷,立市场,种麻,做五弦琴,做陶器等,对中华民族的生存繁衍和发展作出了重要贡献。

神农氏的功绩

立历日
立星辰,分昼夜,定日月。

立市场
发明以物易物的市场。

制五弦琴
发明乐器,能使人们娱乐。

种五谷
种五谷,解决了民以食为天的大事。

尝百草
开医药先河,为后世医药奠定基础。

治麻为布
教民麻桑为布帛后,人们才有了衣裳。

制陶器
用陶器蒸煮,贮存物品。

制弓箭
始创弓箭,有效防止外部袭击。

神农氏初尝茶

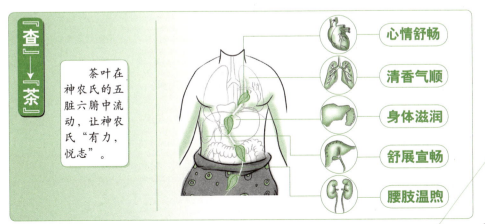

『查』→『茶』

茶叶在神农氏的五脏六腑中流动,让神农氏"有力,悦志"。

心情舒畅

清香气顺

身体滋润

舒展宣畅

腰肢温煦

这部经的缔造者

陆羽

公元8世纪，唐代陆羽完成了三卷本的《茶经》，这是世界上最早的茶学专著。

陆羽出生于唐开元二十一年（公元733年），复州竟陵（今湖北天门市）人。字鸿渐，号竟陵子、桑苎翁、东冈子。他身世坎坷，幼时被遗弃于小石桥下，幸得智积禅师抱回抚养，从此在寺庙长大。在寺院中学文识字，习诵佛经，还学会煮茶。他一生嗜茶、精于茶道、工于诗词、善于书法，以他的人品和丰富的茶学知识名震朝野，朝廷曾先后两次诏拜陆羽为"太子文学"和"太常寺太祝"。

陆羽12岁时离开龙盖寺，当了伶人。虽相貌丑陋且有口吃，但凭其聪颖幽默得到竟陵太守李齐物的赏识。唐天宝五年（公元746年），陆羽经李介绍去火门山（今天门市佛子山）邹夫子处读书。读书之余，他常去采摘野生茶，为邹夫子煮茗。为了广泛汲取茶学知识，陆羽出游巴山峡川，并沿着长江对今湖北、江西、江苏、浙江等地的江河山川，尤其是名山、茶园、名泉进行了实地考察。之后他又在苕溪之滨开始"闭门著书，不杂非类"（《陆文学自传》）以及"细写《茶经》煮香茗"的隐居生活。隐居期间，他一方面继续游历名山大川探泉问茶，另一方面与高僧名士密切交往，共研茶道。

《茶经》写作过程前后经历了近三十年时间。其间陆羽经过初学茶启蒙、品泉问茶、出游考察、潜心著书、补充丰富成书等几个阶段，最终在建中元年（公元780年）左右完成了这部划时代巨著。由于陆羽的诚信人品以及对佛学、诗词、书法的造诣，特别是渊博的茶学知识和高超的烹茶技艺，为他在各界赢得了崇高的声望。陆羽《茶经》完成后，社会名流们争相传抄，广受好评，使得陆羽的声誉日隆。

陆羽的晚年，仍然是四处出游考察，先后到过余杭、绍兴、无锡、宜兴、苏州、南京、上饶、抚州等地，最终返回湖州。贞元末年（公元804年）陆羽走完了他一生辉煌的问茶之路，悄然逝去。基于他对中国茶业和世界茶业发展作出的卓越贡献，被后世誉为"茶仙"，尊为"茶圣"，祀为"茶神"。

为了《茶经》陆羽遍寻大江南北

754年　陆羽离开竟陵，踏上探茶之路。
北上义阳郡（今河南信阳一带）考察当地茶区。
经归州（今湖北秭归）转道襄州（今湖北襄阳）。

755年　抵达巴山峡川（今川鄂交界地区），发现两人
合抱的大茶树。
峡州（今宜昌县）的虾蟆口，陆羽品尝其水。
连续踏访彭州、绵州、蜀州、邛州、雅州、汉
州、泸州、眉州等八州。

757年　至蕲州蕲水（今溪水县）煎茶品泽。
至庐山（又名匡山或匡庐），品玉帘泉、匡庐茶。
至洪州（今江西南昌），考察其西山的白露名茶。
游历舒州，寿州，登潜山。

759年　迁移茅山（位于江苏境内）隐居。

760年　至浙江湖州，考察长兴顾渚山的紫笋名茶，著
《顾渚山记》。
到苕溪(今浙江吴兴)，隐居山间，开始著述《茶经》。

763年　至杭州考察茶事，对天竺、灵隐两寺所产茶作述评。
至杭州径山、双溪一带汲泉品茶。

陆羽为《茶经》倾注了诸
多心血，正如宋陈师道为《茶
经》作的序道："夫茶之著
书，自羽始，其用于世，亦自
羽始。羽诚有功于茶者也！"

陆羽：世界最伟大的茶学"圣人"

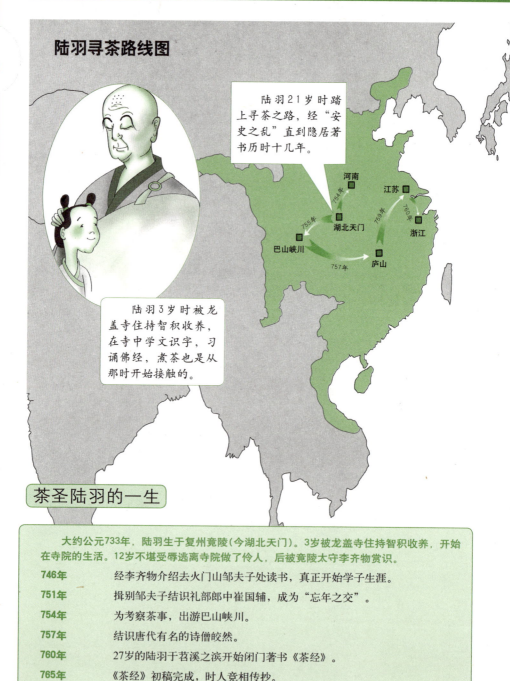

陆羽寻茶路线图

陆羽21岁时踏上寻茶之路，经"安史之乱"直到隐居著书时历时十几年。

河南
754年
江苏
755年
760年
湖北天门
759年
浙江
巴山峡川
757年
庐山

陆羽3岁时被龙盖寺住持智积收养，在寺中学文识字，习诵佛经，煮茶也是从那时开始接触的。

茶圣陆羽的一生

大约公元733年，陆羽生于复州竟陵(今湖北天门)。3岁被龙盖寺住持智积收养，开始在寺院的生活。12岁不堪受辱逃离寺院做了伶人，后被竟陵太守李齐物赏识。

746年	经李齐物介绍去火门山邹夫子处读书，真正开始学子生涯。
751年	揖别邹夫子结识礼部郎中崔国辅，成为"忘年之交"。
754年	为考察茶事，出游巴山峡川。
757年	结识唐代有名的诗僧皎然。
760年	27岁的陆羽于苕溪之滨开始闭门著书《茶经》。
765年	《茶经》初稿完成，时人竞相传抄。
775年	修订《茶经》，增加了一些茶事内容。
780年	《茶经》刻印成书，正式问世。
804年	陆羽逝世，时年71岁，葬于浙江湖州杼山。

陆羽名字的由来

渐卦

鸿雁渐进到大陆，羽毛可用在礼仪中，吉祥。

智积禅师以《易经》自筮，占得"渐"卦，卦辞曰："鸿渐于陆，其羽可用为仪。"于是按卦词给他定姓为"陆"，取名为"羽"，以"鸿渐"为字。

谁教导陆羽写《茶经》

杼山妙喜寺

皎然教导陆羽

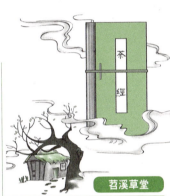

苕溪草堂

陆羽能写出《茶经》主要是到了杼山妙喜寺后，受到皎然和尚的教导。皎然比陆羽年长几十岁，有着丰富的茶学知识。所以，陆羽在杼山妙喜寺闭门著《茶经》。皎然还让陆羽深入茶山，研究茶叶栽培、管理、采制等茶事，《顾渚山记》就是考察后的记录。陆羽此后多次对《茶经》修改补充，使之逐渐完整。为了让陆羽有个写作环境，皎然还在768年建造了苕溪草堂。他对陆羽的《茶经》注入了诸多心血。

陆羽遗迹现在还有吗？都在什么地方？

陆羽遗迹大多在其故乡天门竟陵，现今都变为了当地的名胜古迹。

陆羽幼年居所

陆羽幼年居所，现坐落在竟陵城西湖。

少年煮茗处

陆羽少年煮茗处，现位于竟陵城北。

隐居著学处

陆羽隐居著学处，现位于天门县。

供奉陆羽像

祠内供奉陆羽神像，现位于竟陵城北门外。

阅读本书你可以了解

中国茶文化百科

这本书的目的是要让每一个人了解、熟悉看似平凡，实则深厚、丰富的茶文化。

中国茶文化是历经千年发展演变，逐步形成自身独特的形式和规范，并综合了社会多层次、多民族的整体文化的融合。其内容涵盖中国古今的社会、政治、经济等多方面，并与中国的哲学、社会学、文艺学、宗教等有诸多的关联。

● 茶文化之"自然科学"

茶文化的自然科学是指茶的性质，包括茶的形态特征、生理以及生物学特性、生化特性、药用特性等。

● 茶文化之"茶叶技术"

其涵盖内容很广，包括茶树品种、茶树栽培、茶叶制造和茶叶加工。

● 茶文化之"茶叶类别、品种"

中国有几千年的产茶历史，由最初的生嚼叶片、煮茶羹饮，逐渐形成了饼茶、散茶以至绿茶、红茶、白茶、黄茶、黑茶、乌龙茶等多种茶类。各地所产茶叶品种有几百种之多，是世界之首。

● 茶文化之"品饮"

品饮之道是中国茶文化的核心。包括制茶、煮茶、品茶等。"精茶"是品饮的第一要素，无论是产地、采集、制作都需得地、得时、得法。

● 茶文化之"历史"

包括茶树起源（茶字的历史演变、茶树原产地）、茶树演变（原始型、分区演化、生态演化）、古代茶事。

● 茶文化之"宗教"

佛家的"茶禅一味"使禅的哲学理念与茶的清静内涵融为一体。道家主张清静无为的思想与茶不谋而合后，道人从饮茶中得到了"天人合一"的真切感受。儒家主张中庸、和谐，强调道德伦常，与陆羽所提倡的节俭、清廉相辅相成。

● 茶文化之"诗词、书画、歌舞、戏曲"

中国茶文化可与各门类艺术相通联，例如茶诗、茶词、茶曲、茶赋、茶画、茶书法、茶故事、茶谚、茶歌、茶舞、茶戏剧等。唐代以后的文人多以茶会友，吟诗作画，并留给后人诸多佳作。

● 茶文化之"思想内涵"

陆羽所倡导茶文化主张将精神层面和人格升华于茶事之中。《茶经》将品饮升格为"精行俭德"，把通过品茶进行自我修养的提升、磨炼意志、陶冶性情作为重要内容。

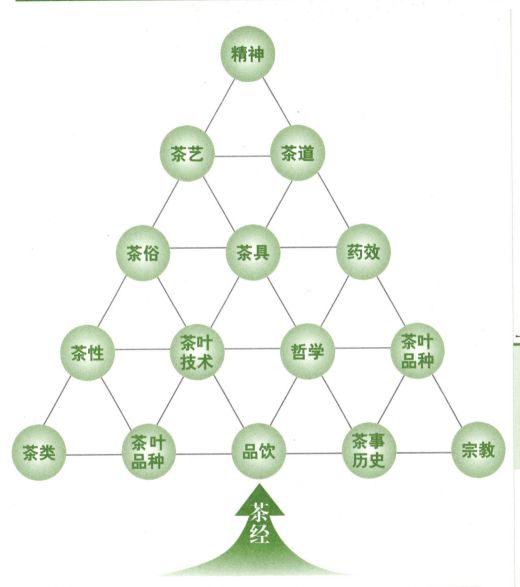

你需要了解的

中国茶文化百科

"茶之为饮最宜"

茶有多种宜于人体的药用功效，最为适合饮用。

"饮之时义远矣哉"

飞禽、猛兽、人类都属于天地万物之生灵，依靠饮食来维持生命。"饮"是最重要、最基本的生存条件。

"精行俭德之人"

注意自己的操行，生活节俭，具有高尚品德的人，品茶时，可消除不舒，烦闷等，使精神得到愉悦与升华。

茶在中国
茶文化的历史沿革

一般认为，在远古时代，我们的祖先最早仅仅把茶作为一种治病的药物，他们从野生的茶树上采下嫩枝，先是生嚼，随后是加水煎煮成汤汁饮用。经过历代先人的不断实践，于是开始种茶、制茶，茶文化由此流传开来。

● 周秦两汉

西周：据《华阳国志》载，约公元前1000年周武王伐纣时，巴蜀一带已用茶叶作为"纳贡"珍品，是茶作为贡品的最早记录。

东周：春秋时期《晏子春秋》载，茶叶作为菜肴汤料供人食用。

秦统一六国后，四川茶树栽培、制作技术向陕西、河南等地传播，后逐渐沿着长江中、下游推移。

西汉：《僮约》有"烹茶尽具"、"武阳买茶"的记述，是茶叶进行商业贸易的最早记述。

东汉：华佗的《食论》提出"苦荼久食，益意思"，是茶叶药用效能的首次记述。

● 三国两晋

《三国志》记载了东吴君主孙皓（孙权后代）"赐茶茗以当酒"的故事，这是"以茶代酒"最早记载。

西晋张载的《登成都楼》诗中有句："芳茶六种清凉冠"；孙楚所作歌中也提到："茶，巴蜀出"，可知长江流域是中国茶树的发源地。

东晋《晋书》载：谢安、桓温经常用茶果招待宾客，可知在当时以茶果待客，已是很普遍的事情了。

● 南北朝

南朝接近茶产地，饮茶极为普遍。至北魏孝文帝实行汉化政策，从南朝归顺北朝的人日益增多。但在南北朝初期，茶是作为贡品出现的。

南北朝以后，士大夫们为了逃避现实，整日作诗品茶。使茶叶消费激增，茶在南方成为普遍饮品。

● 唐朝

唐代饮茶已是日常普及之事。因茶性寒回甘，能提神醒脑，所以很受欢迎。

中国历代茶文化大观(1)

唐朝之前的茶文化

远古时期 → **周秦两汉** → **三国两晋** → **南北朝**

古人从野生大茶树上采摘嫩梢，咀嚼茶叶；后来加水煮沸饮用，形成最早的原始粥茶法。

茶作为贡品出现；逐渐成为日常生活之食品；茶市贸易已具雏形。

茶叶重心开始东移，社会风气以俭朴为荣，提倡以茶代酒。

上层阶级嗜茶成风，茶宴礼节严格；士大夫与僧侣大力提倡，饮茶风气盛行。

唐代茶文化

品饮

炙干茶饼

茶勺

茶海

茶碗
（陆羽主张用越窑茶杯）

《宫乐图》 佚名 绢本设色 台北故宫博物院藏

唐代饮茶之风盛行，饮茶习俗有很大变化，将生嚼解渴的粗犷饮用，变成了煮煎品茗的艺术。画中描绘了唐代宫廷仕女围坐长案、品茗奏乐的盛况。10位仕女坐于长案四周，案中放置一座大茶海，一位仕女正执大茶勺舀茶汤于自己茶碗内。左侧有位仕女正在炙茶。另外的仕女正在品茗赏乐。弹琴者、吹箫者、品茗者描绘得无不生动、细腻。体现了唐代"茶道大兴"的盛况。

你需要了解的

茶文化的历史沿革

5

陆羽《茶经》的问世使"茶事大兴",奠定了中国茶文化基础。唐代茶业由此日益兴盛,产茶地遍及大江南北,茶类名品异彩纷呈。茶叶生产、贸易迅速兴旺。与此同时,日本僧人从中国带茶籽回国,将茶叶传播到日本,是后世茶文化遍及世界的发端。唐代茶文化的发展对后世以及世界都产生了巨大影响。

● 宋朝

饮茶在宋代兴旺至极,大大小小的茶馆比邻皆是。大观元年(1107年),宋徽宗赵佶撰写《大观茶论》,是中国历史上第一位以帝王之名论述茶学、倡导茶文化的皇帝。

宋代茶叶重心开始向南移,建茶崛起。建茶是广义的武夷茶区,即今闽南、岭南一带。此时茶类也发生了大的变化,由唐以前的紧压饼茶变为末茶、散茶。数量上仍以饼茶、团茶为多。同时出现用香花薰制的调和茶。

宋代品饮采用点茶法,接近于我们现代的饮用方法。贡茶的出现促进了饮茶的发展,"斗茶"(又称"茗战"、"点茶"、"斗碾",是品评、判别茶叶优劣的方法)之风大兴,影响十分深远。

● 元朝

元代时期,民间一般只饮散茶、末茶,饼茶与团茶主要用于贡品。随着制茶技术的不断提高,出现了机械制茶叶。据王桢《农书》记载,元代某些地区采用水转连磨(利用水力带动茶磨碎茶)技术,大大提升了制茶效率。

● 明朝

明代时,各地的茶叶贸易已很普遍。这时的饮茶方式由煎煮逐渐变为泡饮。饮茶场所也由户内移至户外。"斗茶"之风较宋代更甚,茶人之间互相比较茶技高低,饮茶又一次大为风行。明代的制茶工艺大部分地区改为炒青,并开始注意成茶的外形,均把成茶揉搓成条索状。

● 清朝

清代初期,清政府废弃所有禁令,允许人民自由种植茶叶,茶已是人们日常不可或缺的饮品。这时的茶叶生产已相当发达,开始向法国、英国、美国等国家出口。但随着清代政治、经济的衰落,茶文化也不再有唐宋时的兴盛,开始日渐走向衰微。

宋代茶文化

《斗茶图》 北宋 刘松年 立轴 绢本 设色

斗茶，又称"茗战"，是宋代上至官廷、下至民间普遍流行的一种评判茶品优劣的技艺和习俗。图中四个茶人，两人已捧茶在手，一人正提壶倒茶，另一位茶童模样的正扇风烹茶。人物刻画细致、高雅，非常生动地表现了宋代茶人"斗茶"时的情景。

元代茶文化

《陆羽烹茶图》

元代 赵原 纸本设色 台北故宫博物院收藏

该画是以陆羽烹茶为题材的元代画作。画中一座草庐内陆羽正抱膝而坐，身旁童子相伴，为他点炉烹茶。画上题"陆羽烹茶图"。画题诗："山中茅屋是谁家，兀会闲吟到日斜，俗客不来山鸟散，呼童汲水煮新茶。"体现了元代时期的饮茶文化。

明代茶文化

《煮茶图》 明代 丁云鹏

画中描绘了一主二仆户外煮茶的场景。画中一位官人安坐榻上，身旁置的竹炉上正煮着茶水。一位老仆正从坛中取水。明代饮茶由煎煮逐渐变为泡饮。饮茶场所也由户内移至户外。饮茶之风又一次大为风行。

清代茶文化

《烹茶洗砚图》 清代 钱慧安

画中亭榭内琴桌上摆设有茶具、书、琴，侍童扇风烹茶，主人正在等待品茗。另一位侍童正在亭外水边洗砚。清代时茶虽已是人们日常的饮品，饮茶已经相当普及，但茶文化早已不见唐宋时的盛况，出现了日见衰败的状况。

你需要了解的

茶文化的历史沿革

古代茶政治
茶政与茶法

中唐之前并没有茶税，随着茶叶生产与贸易的发展，国家开始颁布各种法令以从茶叶经济中获取财政。茶政与茶法成为了国家垄断茶叶利益的一种手段。

● 茶税与茶法

安史之乱之后，唐代国库紧缩，政府以"诏征天下茶税，十取其一"为令，征税后，发现税额非常巨大，遂将茶税这一临时措施改为"定制"，与盐、铁并为主要税种之一，并相继设立"盐茶道"、"盐铁使"等官职。到宣宗大中六年（公元852年）盐、铁转运使装休制订了"茶法"12条，严禁私自贩卖茶叶，使茶税丝毫不漏。

茶税发展到宋代，更加严厉，即"三税法"、"四税法"、"贴射法"、"见钱法"等。过分严厉的茶税甚至成为茶叶生产一大障碍，曾引起诸多茶农起义。

● "榷茶"与"茶引"

榷茶，即茶叶的专营专卖。它开始于唐代中期，但真正开始施行"榷茶制"，开始于北宋初期。北宋末期"榷茶制"改为"茶引制"。官府由茶商先到"榷货务"交纳"茶引税"（茶叶专卖税），购买"茶引"，凭引到园户处购买定量茶叶，再送到当地官办"合同场"查验，并加封印后，茶商按规定数量、时间、地点出售。

● 贡茶制起源与发展

所谓贡茶，即产茶地向皇室进贡专用茶。初唐时，各地以名茶作贡品。随着皇室饮茶范围扩大，贡茶数量远不能满足要求，于是官营督造专门从事贡茶生产的"贡茶院"，首先在浙江长兴和江苏宜兴出现。

到了宋代，茶道大盛，"茶宴"、"斗茶"大行其道，尤其宋徽宗赵佶，嗜茶至深，亲撰《大观茶论》，因此，宋代贡茶比唐代时有更大发展。

明清时期，贡茶制继续实行，贡茶产地进一步扩大，四川蒙顶甘露，杭州西湖龙井，洞庭碧螺春，安徽老竹铺大方都被当朝皇上饮定为"御茶"。

● "茶马互市"与"以茶治边"

茶马互市是指在我国西南（四川、云南）茶叶产地和靠近边境少数民族聚居区交通要道上设立关卡，制订"茶马法"，专司以茶易马的职能。边区少数民族用马匹换取他们日常生活必需品的茶叶，目的在于通过内地茶叶来控制边区少数民族，强化他们的统治。这就是"以茶治边"的由来。但在客观上，茶马互市也促进了我国民族经济的交流与发展。

茶政与茶法

历代有关茶的法令

唐代
1. 茶农私自贩卖茶叶100斤以上处以杖刑，三次即充军。
2. 茶叶不准走私，走私三次均在100斤以上者或团体长途贩私，皆处死。
3. 茶商贩卖茶叶沿途驿站只收房费、堆栈费，不收税金。
4. 各州如有私砍茶树破坏茶业者，当地官员要以"纵私盐法"论罪。
5. 泸州、寿州、淮南一带茶叶税额追加50%。

宋代
"三税法"：始于景德二年（公元1005年），即茶商在京城榷货务交纳钱、帛、金银，官员给券在六个榷务给茶。

"通商法"：始于嘉祐四年（公元1059年），通行于当时的东南地区。相当于农业税，也称茶租，是指茶商与茶农、园户之间可以自由贸易，但要给政府交一定的茶税。

"茶引法"：北宋末期由蔡京创立。分为"长引"和"短引"。"长引"准许茶叶销往外地，但限期一年；"短引"则只能在本地销售，有效期三个月。

元代
"减引添课法"：主要在江西施行，为了利于增加茶税而订立。

贡茶

所谓贡茶，即产茶地向皇室进贡专用茶。唐代时有专门从事贡茶生产的"贡茶院"，最早在浙江长兴和江苏宜兴出现。

神秘的茶叶商道

茶马古道

7

茶马古道源于古代的"茶马互市"，是边疆少数民族用马匹换取茶叶的贸易行为。

● 源头——"茶马互市"

茶马古道来源于我国唐宋时期的"茶马互市"。古时由于内地民间役使和军队征战都需要大量的骡马，于是藏区、川滇边地的良马与内地的茶之间进行交易，由此产生了茶马互市 。

● 何为茶马古道

作为茶叶原产地的云南、四川等地冲破高山大江的阻隔，把茶运输到西藏。茶马古道产生的根源是藏民族对茶叶这种神奇物质的强烈需求。藏民族在长期的高原生活中养成了喝酥油茶的习惯。藏区和川、滇边地出产的骡马、毛皮、药材等和川滇及内地生产的茶叶、布匹、盐、日用品等在高原深谷间来往不息，形成了一条延续至今的"茶马古道"。

茶马古道的主要路线

（1）从云南普洱茶原产地（今西双版纳、思茅等地）出发经大理、丽江、中甸、德钦到西藏的左贡、邦达、察隅或昌都、洛隆宗、工布江达、拉萨，再经由江孜、亚东分别到缅甸、不丹、锡金、尼泊尔、印度。

（2）从四川的雅安出发，经泸定、康定、巴塘、昌都，再由洛隆宗、工布江达到拉萨，再到尼泊尔、印度。

十七条古道

（1）景洪－思茅－普洱－大理	（10）康定－理塘－巴塘－昌都
（2）腾冲－保山－大理	（11）稻城－木里－泸沽湖－丽江
（3）大理－剑川－丽江	（12）昌都－类乌齐－丁青－那曲－当雄－拉萨
（4）六库－福贡－丙中洛－贡山－茨中村	（13）昌都－邦达草原－八宿－然乌－波密－察隅
（5）白水台－虎跳峡－石鼓镇－维西保和镇	（14）波密－林芝－泽当镇－拉萨
（6）香格里拉－奔子栏村－溜筒江村－西藏芒康	（15）拉萨－江孜－亚东
（7）成都－雅安－名山－二郎山－康定	（16）拉萨－日喀则－拉孜－樟木镇
（8）成都－都江堰－小金－丹巴－八美	（17）拉萨－日喀则－普兰
（9）康定－道孚－炉霍－甘孜－德格－江达－昌都	

茶马古道

茶马古道

"茶马古道"起源于古代"茶马互市"，是云南、四川与西藏之间的古代贸易通道。由于是用川、滇的茶叶与西藏的马匹、药材交易，以马帮运输，故称"茶马古道"。

"茶马古道"连接川滇藏，延伸入锡金、不丹、尼泊尔、印度境内，抵达西亚、西非红海岸。

"茶马互市"

"茶马互市"是指我国西南（四川、云南）茶产地以及边境地区的少数民族以茶易马的贸易往来。茶马贸易繁荣了古代西部地区的经济与文化，同时造就了"茶马古道"的古代茶叶通商路径。

马帮

马帮是中国西南地区特有的交通运输方式，也是茶马古道主要的运载手段。马帮的存在有着上千年的历史，至今仍在一些交通不便利的地区辛勤奔波，构成了一个极为特殊的社会群体。

一壶茗香遍天下

茶在世界的传播

　　中国茶文化在世界的传播途径大致有三条：一是派使节出使别国，将茶作为贵礼，馈赠给出使国；二是通过学习佛法的僧侣以及遣唐使，将茶带到别国；三是经过古商路，通过国际贸易往来，将茶以商品的方式传到国外。茶文化向外传播的主要路线有两条：陆路传播和海路传播。

● 陆路传播

　　自汉代张骞通西域（公元前138年）开拓"丝绸之路"以后，唐初长安（即今西安）已成为中外文化、经济交流的重要城市。此时中原各地饮茶之风盛行，许多阿拉伯商人进行丝绸、瓷器贸易的同时，也将茶叶带回国。由此饮茶文化在阿拉伯、中亚以及西亚一带传播开来。

　　中国茶叶传播到欧洲，除了海上商路，也由另一条陆上商路传播：以河北、山西为中心，北出长城，经过蒙古，横穿俄罗斯的西伯利亚，到达欧洲境内。蒙古由于处于这条商路中心，饮茶之风较早风行。到了18世纪初期，中国茶叶就直接经由蒙古销往俄国了。

● "茶"语音的向外传播

　　世界各国表示茶的语音基本源于中国，大致可分为两个体系：一是普通话语音"茶"（chá），二是福建厦门地方语音"的"（tey）。对外传播时间有先有后：先为"chá"音，主要传播中国的四邻国家。后为"的"音，主要传播于欧洲、南美洲等国家。

世界各地的"茶"字字音

 cha（广东语音一线）

北京 cha	孟加拉 cha	阿拉伯 chay
朝鲜 cha（sa）	伊朗 cha	俄罗斯 chai
日本 cha（sa）	土耳其 chay	波兰 chai
蒙古 chai	希腊 te-ai	葡萄牙 cha

te（福建语音一线）

		西班牙 te
意大利 te	英国 tea	丹麦 te
马来西亚 the	德国 tee	瑞典 te
印度 tey	法国 the	挪威 te
荷兰 thee	匈牙利 tea	芬兰 tee

茶行天下的两种途径（一）

陆路传播

此图仅作为历史资料参考示意图，不作为地图使用。

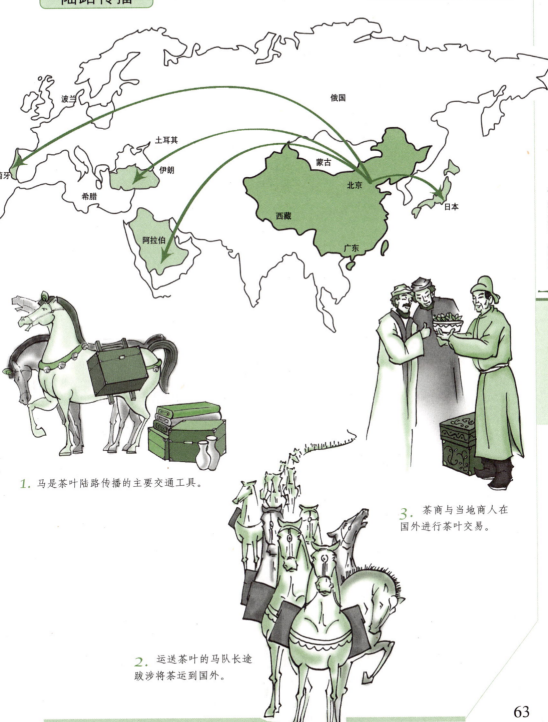

波兰
俄国
土耳其
蒙古
伊朗
北京
葡萄牙
希腊
日本
西藏
阿拉伯
广东

1. 马是茶叶陆路传播的主要交通工具。

3. 茶商与当地商人在国外进行茶叶交易。

2. 运送茶叶的马队长途跋涉将茶运到国外。

63

● **海路传播**

唐德宗贞元二十年（公元804年），日本僧人最澄到天台山国清寺学法，归国时带去茶籽，种在日本滋贺县。明代郑和七次下西洋，经越南、印度、斯里兰卡、阿拉伯半岛，最后到达非洲东岸。在加强同这些地区的贸易往来的同时，也大大增加了茶叶的出口量。这条经过南亚诸国，将中国茶叶传入亚洲、欧洲、非洲的路径，有人称它为"海上茶叶之路"。

1606年，荷兰人从中国澳门贩茶到印度尼西亚。第二年，直接从中国运茶回国。此后，英法等国已开始饮茶。1650年，荷兰人从中国贩运茶叶至北美。从17世纪初叶到19世纪后期，中国一直是世界各国茶叶的供应者，传播遍及全球。

茶行天下的两种途径（二）

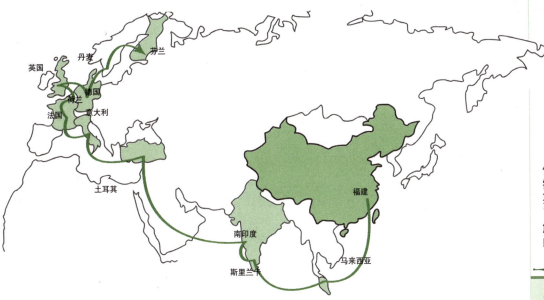

海路传播

此图仅作为历史资料参考示意图，不作为地图使用。

英国　丹麦　芬兰　荷兰　德国　法国　意大利　土耳其　福建　南印度　马来西亚　斯里兰卡

1. 18世纪欧洲运茶快船是茶叶海路传播最快捷的运输工具。由于船只体积大，运载货物多，中国的茶叶与丝绸、瓷器等中国特产开始大量销往欧洲，并在当地极受欢迎。

2. 经过漫长的"海上茶叶"之路，中国茶叶终于运至欧洲腹地。当时的海岸港口是茶叶运输最繁忙的地点之一。

3. 茶叶深受欧洲皇室、普通人以及北美人的喜爱。

茶人修养的最高境界
精行俭德

"精行俭德"是陆羽对饮茶人道德修养的基本要求，也可以说成是他衡量茶人思想、品德、行为、信念等的标准。他将简单的品茶升华到了精神层次上来。

● **精**

《管子·心术》说"中不精者心不治"。意思是如果一个人做事不专心一致，那他的心（道德品行）也就无可救了。凡事怕"认真"二字，做事如果专心就一定会无所不利的。陆羽用一个"精"字，说明有关茶事的各个方面都要求达到此标准。"茶有九难"包括："造、别、器、火、水、炙、末、煮、饮"。从种茶，制茶，鉴别，煮茶器具的用法，火候的掌握，水的煎煮，烤茶的讲究，饮时的程序等，无不要求精心而作，要想品饮茶的真香，唯有达到"九难"的精益求精才行。

● **行**

"行"，在这里可以理解为两层意思：一是足以表示品质的举止行动，如品行、操行等；二是实际地去做，如行茶道等。陆羽是想说明一个品格高尚、坚守操行的茶人，其行茶事、品茶论道是非常适合的。

● **俭**

《易·否象传》说"君子以俭德避难"。可见"俭"是一个人的精神品质，而单非行为而已。陆羽将"俭"作为约束茶人行为的首要条件，以勤俭作为茶事的内涵，反对铺张浪费的茶事行为。《茶经·七之事》举例古代茶事说：晏婴身为宰相，一日三餐只有粗茶淡饭；扬州太守恒温性俭，每宴饮只设七个盘子的茶食。

● **德**

陆羽对茶人在茶事内外所有德行品行规范要求。具有君子性情的高尚品德的人，具有仁爱、善行的道德品行的人，才是属于真正意义上的茶人。在陆羽所作的诗中也可看出他的这种主张："不羡黄金罍，不羡白玉杯。不羡朝入省，不羡暮入台。千羡万羡西江水，曾向竟陵城下来。"

茶人道德修养的标准

"德" 茶人应具有君子性情的高尚品德，应该具有仁爱、善行的道德品行。

"俭" 是一个人的精神品质，而单非行为而已。以勤俭作为茶事的内涵，反对铺张浪费的茶事行为。

"精" 茶人对茶品质、品饮环境、煮器、选水、品饮等程序，要求精心而作。要想品饮茶的真香，唯有达到 "茶有九难" 的精益求精。

"行" 品格高尚、坚守操行的茶人，其行茶事、品茶论道是非常适合的。

67

《茶经》的儒家思想

中庸和谐

儒家思想一直是中国人的立论依据,是一种无形的精神依托和中华文明的基石。茶文化全面吸收了儒家的思想精髓,特别是"中庸"之道,形成其自身的特点。

● 饮茶修养的最高之道德——中庸之德

何为"中庸"? "不偏之谓中,不易之谓庸,中者天下之正道,庸者天下之至理。"这句话的意思是:待人接物不偏不倚,调和折中。中庸是儒家道德规范的最高标准,是一种理想的、完美的德。陆羽所说的茶德,是在茶事过程中引发的关于道德与情操的行为。在儒家的思想中,德为政治主张,要以道德治理国家,"中庸"为其核心。茶人将这种主张反映在茶事上,是说茶可以德行道。宋代理学家朱熹在比较建茶与江茶后曾说:"建茶如中庸之为德,江茶如伯夷叔齐。"他提出将"中庸"作为茶德标准,这是他对茶德的极大提升。

● 茶文化中的"和"之美

儒家追求和谐,主张 "中庸之道"。"和"在古今茶事中充分体现:刘贞亮有"以茶利礼仁"说;民俗有"寒夜客来茶当酒",这是"和敬"的范畴。欧阳修《和梅公仪尝建茶》有"羡君潇洒有余清"是说茶清;蔡襄《北苑》"龙泉出地清"是说泉清;苏轼《汲江煎茶》"自临钓石取深清"是说水清;袁枚《试茶》"几茎仙草含虚清"是说和清。

● 完美的人格思想"仁"

儒家人格思想是"仁",其特性是突出对人格进一步完善的追求。这种思想是中国茶文化的基础。茶历来被视为清洁之物,从采摘、制作到烹煮都要十分纯净,这种特性常常被比喻为人德。古代对"君子仁人"的正直、清廉、公正等品性极为推崇,这种"君子之风"与茶性融为一体,使得人们在品味茶的色、香、味的过程中,托物寄情,使精神与感情净化,人格自然得到升华。

体现儒家思想的中庸和谐

"中庸"，不偏不倚，调和折中，是儒家道德规范的最高标准。

"和"是事物两端之间的平衡，是一种理性的节制，对自然万物的保护。

茶是一种中正平和之物，品饮茶可以调和人的心境，"其性精清，其味淡洁，其用涤烦，其功致和。"

"礼之用，和为贵"　礼是界定社会行为的规范和传统习惯的根本，追求和谐。

"仁"，是对人格进一步完善的追求，是中国茶文化的基础。

《茶经》的道家宇宙观

清静无为

11

道教源于古代巫术，是创始于中国的古老宗教。在老子思想影响下，茶与道教结缘，道士称茶为"仙草"。道教形成之后，茶渐渐便变成了一种养生、祛病、辟邪之物。

● **道家"长生观"对茶文化的影响**

道家思想自伊始就有"长生不老"的概念。老子在承认万物总根源"道"永恒的同时，也暗示了生命可以长生不死。道士们认为，想要达到"羽化成仙"的效果，必须服用含有"生力"的食物。陶宏景的《茶录》指出："茶茶轻身换骨，丹丘子黄君服之。"在此将茶与道教的得道成仙、羽化成仙的观念联系到一起了。

● **清静无为的养生观**

为了达到长生不老的目的，道士常常把健康、长寿归结于人类的生命运动。信奉只要以积极的养生心态就可改变天生体质。茶的利于身心与道教的养生观相融合。茶朴素天然、耐阴湿，清静无欲。茶只有在宁静的环境下才能品出真味，才能获得品饮的愉悦。道教与茶文化正是在"清静"这一点上达到统一。

● **富有哲理的"天人合一"**

古人认为人与自然、精神与事物是相互融合、联系的整体。茶吸取了天地的精华，与"天地之灵长"的人有着自然可亲的一面。茶的清淡、高雅接近于人性的虚、静、清淡。《茶经》将茶事升华为一种艺术，将茶人精神与自然统一起来，并总结出了独具特色的"煎茶法"：炙茶、碾末、取火、选水、煮茶、酌茶。每一个环节，都可以反映出利用自然合理调节为生存服务的内涵，充分体现了人与自然的统一。

　　"天人合一"强调自然与人、物与精神是互相包容、联系的整体，突出物我、情景的统一。

取火　火为自然之物。

炙茶　柴、炭、火均为自然之物。

碾末　茶叶为自然之物。

酌茶　为品饮的需要的程序。

茶人　茶的淡泊、清纯、自然与道人所追求的宁静、节俭、谦和、返璞归真相统一。也因此为文人、雅士以及茶人所喜爱。

煮茶　烧水、煮茶工序是为人服务的程序。

选水　山水的选择为自然之物。

道人　追求长生不老，认为"心者，一身之主，百神之师，静则生慧，动则生昏"。虚静可以推天地，通万物。认为"清静无为，与世无争"是符合自然法则的养生之道。

《茶经》的佛家本心

静心自悟

茶与佛教的最初结缘是为僧人提供了提神醒脑的饮品。僧人在寺院中大量种植茶叶，促进了茶叶种植、制造、饮茶的进步。在后来的茶事实践中，茶道与佛教之间逐渐找到了内在精神的契合之处。

佛教于公历纪元前后传入中国，经魏晋南北朝的传播与发展，到隋唐时已达到鼎盛。而中国茶道自唐朝陆羽始创，其后大兴于世。陆羽自小在寺院中习诵佛经，学习煮茶。成年后又与皎然和尚结为忘年之交。在《茶经》和《陆文学自传》中都有对佛教的颂扬及对僧人嗜茶（《茶经》"七之事"："单道开饮茶苏"、"法瑶饮茶"）的记载。可以说，中国茶道从一开始萌芽，就与佛教有着千丝万缕的联系。

● 茶禅一味

茶与禅宗的结缘源于禅宗的坐、禅、定。

坐，禅宗所指修行时"心注一境"，即脱离所有外物之事。禅，意为"静虑"、"修心"。 定，是保持内心与精神高度统一与平和。坐禅要求僧人闭目静坐，参悟"苦、集、灭、道"的佛法四谛，其中"苦"为首；茶性苦，从茶苦而回甘的特性，可以帮助修行者在品茶时，品味佛法真谛，参破"苦"谛。

品茶讲究一个"静"字，讲究有序的品饮，追求外在与内心的平静统一；佛家的"静悟"、"三思为戒"，坐禅时的无调（调心、身、食、息、睡眠）以及"戒、定、慧"皆是追求"静"，二者在此不谋而合。

茶道本质是从简单、平凡的生活中品悟出生活本质；参禅也是通过静思，从简凡中领悟人生的大道理。

● 茶有"三德"

佛家认为茶是一味修身养性的饮品，并认为茶有"三德"：

（1）不眠：坐禅，姿势要求身正背直，不动不摇，内心要清静敛心，达到"轻安"、内外一体。通常坐禅一坐就是数月，僧人难免疲劳倦怠，茶具有提神醒脑的特性，因此坐禅修行中"唯许饮茶"。

（2）助消化：僧人饭后坐禅，这样易得消化不良，饮茶可以生津化食，帮助消化。

（3）不失：饮茶能养成清雅、简朴的性情，可以帮助僧人抑制性欲，以助更好地修行。

茶在坐禅修行中的关键作用

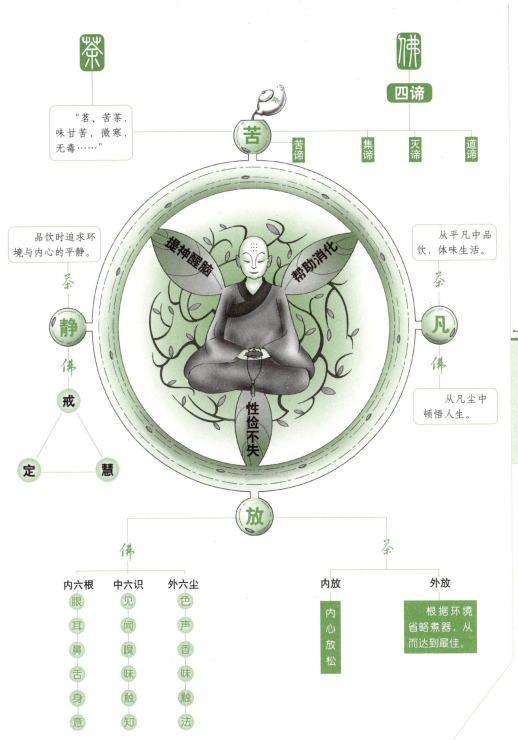

茶

"茗、苦茶，味甘苦，微寒，无毒……"

佛
四谛

苦

| 苦谛 | 集谛 | 灭谛 | 道谛 |

提神醒脑

帮助消化

品饮时追求环境与内心的平静。

从平凡中品饮，体味生活。

茶
静

茶
凡

佛
戒

性俭不失

佛

定　　慧

从凡尘中顿悟人生。

放

佛

内六根	中六识	外六尘
眼	见	色
耳	闻	声
鼻	嗅	香
舌	味	味
身	触	触
意	知	法

茶

内放

内心放松

外放

根据环境省略煮器，从而达到最佳。

茶的五行

金、木、水、火、土

"五行"指金、木、水、火、土五种构成世界基本物质及其运动变化的规律。在茶文化里也蕴藏着"五行"的学说原理——茶为草木之属，种茶土壤为土之属，器皿为金之属，泉为水之属，炭为火之属。

● 世间万物皆属"五行"

古老的五行学说认为宇宙间各种物质都可以按照五行的属性来归类。如果将自然界的各种事物、现象、性质及作用，与五行的特性相类比后，可将其分别归属于五行之中。例如，中医将人体的五脏与五行相配合，比拟出肺属金，肝属木，肾属水，心属火，脾属土。五行学说还认为任何事物都不是孤立的、静止的，五种物质之间，存在着相生、相克（胜）、相乘、相侮的关系，在不断的相生相克运动中维持着动态的平衡。

金，"金曰从革"，凡具有清洁、肃降、收敛等作用的事物则归属于金。

木，"木曰曲直"，凡是具有生长、升发、条达舒畅等作用或性质的事物，均归属于木。

水，"水曰润下"，凡具有寒凉、滋润、向下运动的事物则归属于水。

火，"火曰炎上"，凡具有温热、升腾作用的事物，均归属于火。

土，"土爱稼穑"，凡具有生化、承载、受纳作用的事物，均归属于土。

● 茶中洞察"五行"秋毫

《茶经》开篇第一句就说茶是我国"南方"的"嘉木"。理所当然，茶首先属木。茶树为"活"木，成长所需养料和水分离不开"地"（属土）。由于土壤本身（由矿物质、有机质、水分、土壤生物等组成）具有"五行"的属性，茶树在生长过程中已经处于"五行"运动中。

唐朝时期流行"煎茶"，陆羽将"五行"纳入"煎茶"的茶道之中。他认为金、木、水、火、土相结合才能煮出好茶。"煎茶"用风炉，属金；炉立于土之上，属土；炉中沸水，属水；炉下木炭，属木；用炭生火，属火。这五行相生相克，阴阳调和，从而达到茶"去百疾"的养生目的。

现代制茶工艺中，采摘下的茶青（属木），经炙热铁锅（属金）"杀青"、揉捻后慢火（属火）烘焙成干茶。"金"克"木"，又被"火"克，性质大变，从而制成成品茶。冲泡茶叶所需的沸水（属水）、茶具（属土），也均属五行之列。中医认为一个人的五行平衡停匀，生克得当，即可身强体健，命运亨通。茶叶经过反复生克、功伐、合化，博取、兼容了阴阳五行的精华灵气，这正是茶叶诸多养生功效的根源所在。

世间万物生生不息的原理

五行中的相生相克

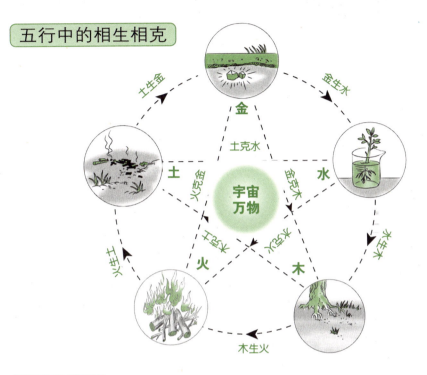

土生金　金生水　土克水　火克金　金克木　宇宙万物　水　木生土　木克土　水克火　火生土　火　木　木生火

茶中五行

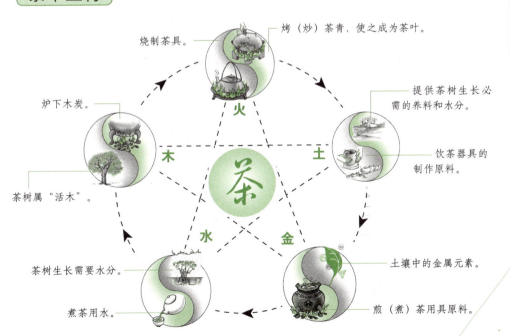

烧制茶具。

烤（炒）茶青，使之成为茶叶。

炉下木炭。

提供茶树生长必需的养料和水分。

火

饮茶器具的制作原料。

茶树属"活木"。

木　土

茶

水　金

茶树生长需要水分。

土壤中的金属元素。

煮茶用水。

煎（煮）茶用具原料。

万病之药

二十四功效

我国古代，茶常常被当做药物使用。古代医学典籍中，茶作为单方或复方入药的，颇为常见。其药用功效之广泛被古人称为"万病之药"。

● "万病之药"缘由

茶的传统用法，一般指中医与民间流传的关于茶叶防治疾病的各种方法。茶叶具有很好的药用功效，唐代就有"茶药"一词；宋代林洪撰的《山家清供》也有"茶，即药也"的论断。在古代，茶就是药，并被药书所载录。但当代医学习惯将"茶药"一词仅仅限于药方中含有茶叶的制剂。

鉴于茶叶诸多药用功效，并可防治内、外、妇、儿各科的很多病症，唐代的陈藏器将其称为"万病之药"。明代于慎行的《穀山笔尘》也称茶能"疗百病皆瘥"。明代李时珍的《本草纲目》记述茶的药理："味虽苦而气则薄，乃阴中之阳，可升可降。利头目，盖本诸此。"这是从茶的气味厚薄、天人合一、升降、归经等理论加以记述的。

● 二十四功效

茶的功能或效能是指药物防治疾病的作用，如《新修本草》"利小便"、"祛痰"等。而中医所说的主治是指治疗的主要病症，如"瘘疮"、"热渴"等。茶的二十四功效在中药古书中常为两种表述：一是偏于"药"；二是偏于"病"，往往以"主治"二字引出。这些功效单用茶叶一味就有效，如若加强疗效，可以复方使用。

(1) **少睡**：兴奋神经中枢，消除疲劳，少睡。	(2) **安神**：安定精神。
(3) **明目**：明亮双眼，治疗眼病。	(4) **清头目**：治疗头痛。
(5) **止渴生津**：消除口渴，增加唾液。	(6) **清热**：清除内热。
(7) **消暑**：消夏、祛暑。	(8) **解毒**：对抗药物麻醉和毒害。
(9) **消食**：帮助消化。	(10) **醒酒**：解除酒醉，抵抗酒精。
(11) **去肥腻**：祛除油腻。	(12) **下气**：促进肠胃蠕动而排泄气体。
(13) **利水**：能利尿，增强肾脏的排泄功能。	(14) **通便**：利排泄大便。
(15) **治痢**：治疗痢疾其他。	(16) **祛痰**：帮助排痰或祛除生痰病因。
(17) **祛风解表**：疏散风邪、疏表。	(18) **坚齿**：防龋健齿。
(19) **治心痛**：调节心搏，抑制动脉粥样硬化，防止冠心病。	(20) **疗疮治瘘**：辅助治疗瘘疮。
(21) **疗饥**：缓解饥饿感。	(22) **益气力**：增强体力。
(23) **延年益寿**。	(24) **其他**。

茶的二十四功效

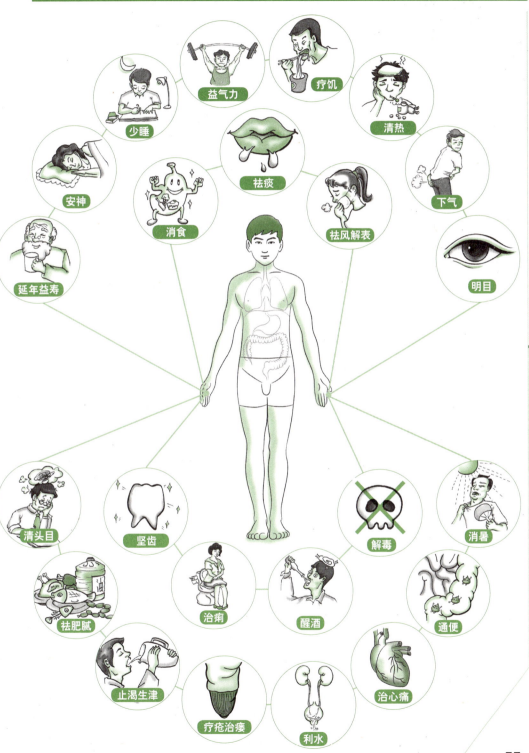

益气力 · 疗饥 · 清热 · 少睡 · 祛痰 · 下气 · 安神 · 消食 · 祛风解表 · 明目 · 延年益寿 · 清头目 · 坚齿 · 治痢 · 醒酒 · 解毒 · 消暑 · 祛肥腻 · 通便 · 止渴生津 · 疗疮治瘘 · 利水 · 治心痛

道由心悟

茶道

15

中国茶文化核心是茶道，其内容包括：备茶品饮之道和思想内涵（即通过品茶陶冶情操、修身养性，将精神升华到具有哲理的境界），陆羽的《茶经》第一次提出茶道的概念，并将茶道的两个基本点充分体现出来。

● 什么是茶道

茶道是通过品茶活动（沏茶、赏茶、饮茶）表现一定礼节、人品、美学观点、精神、意境的一种品茶艺术。它是茶艺与精神的结合，并通过茶艺表现精神。主要讲究五境（即茶叶、茶汤、茶具、火候、环境）的和谐，并要遵循一定的法则。

● 中国茶道起源

中国茶道起源于八世纪的中唐时期，陆羽是中国茶道的创始人。唐代煎茶道代表人物有陆羽、皎然、卢仝、白居易、皮日休、陆龟蒙等。唐代茶人完善了煎茶茶艺，确立了品茶修道的思想。

点茶道形成于北宋中后期，代表人物是赵佶、蔡襄、梅尧臣、苏轼、黄庭坚、陆游、审安老人、朱权等。宋代茶人创立了点茶茶艺，发展了饮茶修道的思想。

泡茶道形成于明代后期，代表人物有许次纾、冯可宾、陈继儒、田艺衡、徐献忠、张大复、张岱、袁枚等人。明清茶人创立了泡茶茶艺，且有壶泡、撮泡、工夫茶泡三种形式。并为茶道设计了专用的茶室。

● 坚实的思想核心——"和"

"和"是儒家、佛家、道家共通的哲学理念。茶道追求的"和"源于《周易》中的"保合大和"。是指世间万物阴阳协调，保全大和之气以利万物。

茶道中的"和"表现在：泡茶时，体现儒家"中庸之道"，不偏不倚；待客时，表现明礼之伦；饮茶时，表现谦和之礼；品茶时心境表现俭德之礼。

● 无所不利的修习之路——"静"

儒、释、道三教都以"静"作为修行方法。中国茶道为能达到修身养性的目的，延伸出"茶须静品"的理论。通过茶事活动创造一种宁静和谐的氛围。中国历史上的文人雅士、高僧、儒生，都把"静"作为茶道修习的必要途径。

● 愉悦的心灵享受——"怡"

"怡"字含义深广，据《说文解字》注："怡者和也、悦也、桨也。"

茶的品饮修身之道

行茶道之前的精神准备

和 泡茶体现儒家"中庸之道"调和折中的思想；饮茶时表现谦和之礼。

静 品饮之前要有一种宁静的氛围，并保持心灵的洁静。

怡 行中国茶道要悦性怡情，在茶事活动中获得愉悦。

真 茶事活动的每一个环节都要求真。

茶道茶具介绍

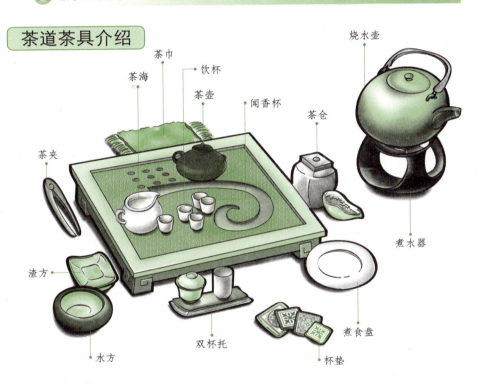

(1) **茶盘**：用来盛放茶杯以及其他茶具的盘子。

(2) **茶壶**：泡茶的主要器具。材质分为：白瓷茶壶和紫砂茶壶等。

(3) **茶船**：盛放茶壶、茶杯的器具。当水溢出茶壶时，盛接溢出的水（分碗状和双层茶船）。

(4) **茶夹**：用来清理茶壶内的茶叶。

(5) **水盂**：盛接废弃茶水。

(6) **茶巾**：用来擦干茶具底部的水分。

(7) **茶匙**：将茶叶直接拨入茶壶。

(8) **茶筒**：插茶匙、茶则、茶漏等竹器。

(9) **水壶**：煮水用壶。通常为不锈钢材质，也有陶土或玻璃制成的。

(10) **公道杯**：分茶用具，使茶汤均匀一致。

(11) **茶则**：从茶罐中取茶叶放入壶中的器具。

(12) **茶漏**：置茶时，放于壶口上，方便导茶入壶。

(13) **茶罐**：放茶叶的器具。

工夫茶道程式（1）

15

中国茶道体现于平常的日常生活之中，不讲形式，不拘一格。地位不同、信仰不同、文化层次不同的人对茶道有着不同的追求。

● 中国茶道的终极追求——"真"

中国人追求"真"。"真"是中国茶道的起点也是终极追求。茶事中所讲究的"真"，包括真茶、真香、真味；环境要真山真水；字画要真迹；器具要真竹、真木、真陶、真瓷。还有对人要真心，敬客要真诚。茶事活动每一个环节都要认真。饮茶可以使人在日常生活中淡泊明志、勤俭行事，达到真、善、美的境界。

① 鉴赏香茗

鉴赏茶品，介绍用茶特点。

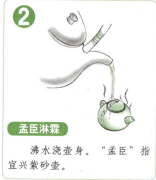

② 孟臣淋霖

沸水浇壶身。"孟臣"指宜兴紫砂壶。

③ 乌龙入宫

用茶匙将茶叶拨入茶壶。

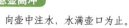

④ 悬壶高冲

向壶中注水，水满壶口为止。

⑤ 春风拂面

刮去壶口泡沫，盖上壶盖。

⑥ 熏洗仙颜

倒出壶中水，为洗去茶叶浮尘。

⑦ 若琛出浴

用第一泡茶水烫杯。"若琛"代指小茶杯。

⑧ 玉液回壶

再次往壶内注满沸水。

⑨ 游山玩水

将壶底沿茶船旋转一圈，刮去壶底之水。

特别提示

　　所谓工夫茶指的是泡茶程序极为讲究，需要一定工夫，当为品饮的工夫，沏泡的学问。这里以中国潮汕工夫茶道为例。

关公巡城

　　为每一杯斟茶，茶壶似巡城的关羽。

韩信点兵

　　将余茶一点一滴分注杯中，似"韩信点兵"。

敬奉香茗

　　先敬主宾，或以长幼为序。

品香审韵

　　先闻香，后品茗。

高冲低筛

　　冲泡第二泡茶，重复第8步。

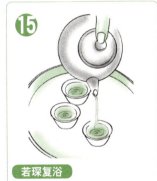

若琛复浴

　　与"若琛出浴"相同。

重酌妙香

　　重复第9～11步。

再识醇韵

　　重复"品香审韵"。

三斟流霞

　　冲第三泡茶。

你需要了解的

茶道

81

日本茶道的环境要求

茶庭

石灯笼

茶庭是茶室附属庭院，设计归于自然，追求自然，平和。

蹲踞：石盆、长柄勺。客人进茶室前洗手、漱口的用具。

鹿咸：引水竹管的水连续注入汲水竹筒，当水过多时，汲水竹筒失去平衡，向下倾斜，水漾出。竹筒恢复原位，筒底撞向石头。（"鹿咸"不用在茶庭。）

笕：引水的竹管。

关守石：小圆石上用草绳捆成十字交叉状。摆放位置暗示客人行动不要超出该区域。

茶道正规茶室

　　茶道"茶室"，又称"本席"，是进行茶道仪式的场所，用竹木、芦苇编成。分床间、点前等区域。并设置壁龛、地炉、木窗。"水屋"中备放煮水、沏茶、品茶器具、清洁用具。

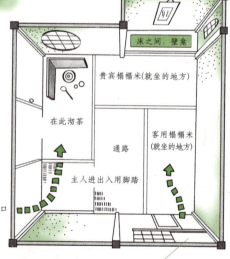

挂轴字画

床之间：壁龛

贵宾榻榻米(就坐的地方)

在此沏茶

客用榻榻米
(就坐的地方)

通路

主人进出入用脚踏

茶道口
主人出入口

小旁门
　　约60公分，客人穿过此门时被迫弯腰，会自然变得谦逊起来。

特别提示

　　日本茶道来源于唐代的中国，后经千利休大师依据佛教禅师精神衍变而成。日本茶道追求清寂，是一种美学与形式兼备的礼仪程式。

日本茶道的品饮要求

茶具

日本茶道基本茶具包括：凉炉、茶釜、汤瓶、茶碗、瓷碗、茶磨、火箸、水注、炭篮、水翻、香盒、沥茶茶筅、茶勺、茶巾、茶罐、羽帚、炭斗、灰器、水勺等。

水罐：清洗茶杯、盛茶的器具。

茶碗或茶杯。

茶盒：盛放茶末的漆盒。

勺：舀水的长柄勺。

罐：盛洗茶碗污水。

沥茶规矩及礼仪

茶杓：小勺。

茶筅：竹刷。

用长柄勺将热水舀入茶杯。

用茶筅搅拌。

日本茶道程式相当繁琐，茶叶碾得要精细，茶具擦得要干净，主茶师动作要规范、熟练，既要有美感又要准确到位。客人入座以后，茶师点火、煮水、冲茶、抹茶（用竹匙将碗中茶搅成泡沫状），轮次敬给宾客。客人要恭敬地双手接茶、致谢，然后转三次茶碗，轻声品饮、慢饮、奉还茶碗。点火、煮茶、冲茶、抹茶属于茶道仪式的主要部分，需经过专门训练。品饮完毕，客人要对茶具进行赏鉴，并加以赞美。客人向主人跪拜告别时，主人应该热情相送。

右手抚住茶杯将它放在左手手掌上。

右手将茶杯顺时针旋转三次。

品完茶后，右手擦净嘴唇沾过的碗沿。逆时针旋转茶碗，将它交还主人。

你需要了解的

茶道

83

升华了的艺术

茶艺

茶艺即饮茶艺术，是指品茗的方法及意境。茶艺始于唐代，主要包括备器、择水、取火、候汤、习茶的技艺以及品茗环境、仪容仪态、奉茶礼节等。

● "茶艺"之词溯源

中国茶艺在很长时期内都是有实无名。中国古代的一些茶书，如唐代的陆羽《茶经》，宋代的蔡襄《茶录》、赵佶《大观茶论》、明代的朱权《茶谱》、张源《茶录》、许次纾《茶疏》等，均对茶艺有所记述。中国古代自茶道一词确立以来，"茶之为艺"也随之有了。有时仅指煎茶之艺、点茶之艺、泡茶之艺。"茶艺"一词的概念虽没有直接提出，但从"茶之艺"到"茶艺"也只有一字之差。

中唐的《封氏闻见记》载："楚人陆鸿渐为茶论，说茶之功效，并煎茶炙茶之法……于是茶道大行，王公朝士无不饮者。"在这里"茶道"是"饮茶之道"，也是"饮茶技艺"。陆羽《茶经》记述煮茶的器具和方法，对唐代的茶艺有详细记述，他是中国茶道、茶艺的奠基人。

当今所说"茶艺"一词是台湾茶人在20世纪70年代提出的。现今已被海内外茶文化界认同与接受。

● 茶艺主要内容

"茶、水、器、火、人、境"是茶艺的"六大要素"。也可以说茶艺是茶人在一定环境中进行的选茶、备器、选水、取火、煮茶、品饮的艺术活动。

茶艺的"艺"指的是艺术，具有规范的程式和高超的技艺。茶艺的进行之中所用茶为成品干茶，因此种茶、采茶、制茶不在茶艺的范畴。

茶艺是综合的艺术，与绘画、书法、音乐、文字、陶瓷、插花、建筑等相结合，是茶文化的重要组成部分。

中华茶艺的精神特点分为四个方面：

态度：煮饮茶过程中，茶人态度从容，动作规范，显示出优雅的姿态，打造出良好的品饮氛围。

健康：茶的药用功效利于身心健康。品饮所用成茶品质要好，所选水质也要好，利于茶人的身心。

冲泡前四项要素

①营造空间

家庭式： 在家中客厅或通风处摆设茶几，用来招待客人品茶。

花园式： 屋外庭院中设置桌椅，品饮时可以赏花草。

书房式： 在书房中或在装点有书画的房间中品饮茶。

茶室式： 家中专设茶室，配备一套专业茶具，品茶时配以茶道仪式。

②搭配泡饮用具

因茶而定： 老茶、普洱用紫砂壶冲泡。嫩绿茶用玻璃杯直接冲泡，也可用瓷杯。品乌龙茶，重在闻香品味，紫砂壶具最为适宜。

因需而定： 瓷器保温、传热的性能很好，可以较好保持茶的色、香、味，适于花茶。紫砂保温、通透性好，可保持茶香，茶汤不易变质，适于黑茶、乌龙茶。

因人而定： 老年人讲究茶韵味，多用紫砂壶。年轻人讲究清香，并鉴赏茶叶，多采用白瓷盖碗或玻璃杯。

你需要了解的

茶艺

性情：品茶可以修身养性。从品饮中参悟禅理、道学、儒学，使心灵洁静，益于修身。

交流：茶艺进行过程中与茶人互动交流，二者达到和谐统一。

茶的冲泡过程中恰当选择品茶环境、茶叶、茶具、水，通过茶艺发挥出茶叶的"色、香、味、形"的品质。

● 茶艺与茶文化、茶道、茶俗

（1）茶艺与茶文化

茶文化是茶事活动中形成的精神与物质的文化。茶艺和茶道是饮茶文化的主体，饮茶文化是茶文化的一部分。因此茶艺无论从形式与内容均小于茶文化。茶艺、茶艺文化是茶文化的重要组成部分，是茶学的一个分支。

（2）茶艺与茶道

茶道是以品茶修道为目标的饮茶艺术，包含环境、茶艺、礼法、修行四个基本要素。茶艺是茶道的基础，重点在"艺"，即行茶、品茶的艺术。茶道重点在"道"，即通过茶艺修身养性、品悟道理。茶艺内容小于茶道，但其延伸大于茶道，介于茶道与茶文化之间。

（3）茶艺与茶俗

茶艺重点在于茶的品饮艺术，茶俗则重在喝茶的习惯。某些茶俗经过提炼可以成为茶艺，但大部分茶俗只是民族与地方文化的一部分，其表演形式不能算是茶艺。

③泡茶择水

山泉水：水质稳定，洁净无异味，味道甜美，适宜泡茶。（不要使用受污染的山泉水。）

自来水：取水方便。水中含氯，不宜直接泡茶。泡茶前需经除氯、过滤。

蒸馏水：水中无杂质，泡茶可以保持茶叶原味，但成本过高。

井水：水质不佳，取水需谨慎。废弃、被污染井水绝对不适合泡茶。

矿泉水：富含矿物质，使茶味清爽甘甜，非常适宜泡茶。

雨水和雪水：古人称"天泉"，但今日空气污染严重，均不适宜泡茶。

④茶叶品质鉴别

观外形：形状、色泽、长短、大小、粗细要匀齐统一。

闻茶香：茶汤香气是否持久清高，没有异味。

尝味道：味道是否鲜爽浓醇，品后有无回甘余味。

你需要了解的

茶艺

茶艺：茶的冲泡、品饮艺术（当代）（3）

16

五大泡茶法

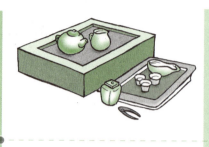

工夫泡

- 建议用茶：普洱茶、乌龙茶
- 茶叶分量：1/3至1/2壶
- 水温：85℃～95℃
- 温润泡：1次
- 浸泡时间：大约30秒

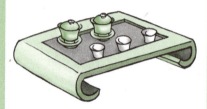

盖碗泡

- 建议用茶：绿茶、花茶
- 茶叶分量：1/5至1/4碗
- 水温：75℃～85℃
- 温润泡：免
- 浸泡时间：约30秒～1分钟

双壶泡

- 建议用茶：普洱茶
- 茶叶分量：1/5至1/4壶
- 水温：100℃
- 温润泡：1至2次
- 浸泡时间：约1～2分钟

同心杯泡

- 建议用茶：红茶、小沱茶
- 茶叶分量：1/5至1/4滤芯
- 水温：95℃～100℃
- 温润泡：1次
- 浸泡时间：约30秒～1分钟

有耳瓷杯泡

- 建议用茶：茶包
- 茶叶分量：1个茶包
- 水温：95℃～100℃
- 温润泡：免
- 浸泡时间：约1～3分钟

茶艺九程式

温壶：沸水冲淋茶壶，使其保持清洁并处于高温状态。

净器：沸水烫淋茶杯等茶具，使其没有杂味，保持茶汤的纯正。

投茶：用茶匙取适量干茶投入壶中。

注水：注水入茶壶。行"凤凰三点头"的茶艺方法：一敬客，二使茶在沸水中翻滚以发茶效。

除沫：用壶盖轻轻刮去壶口泛起的泡沫及杂质，使茶汤清澈。

分茶：倒茶于闻香杯中，行"关公巡城"、"面面俱到"、"韩信点兵"等茶道程序。

合杯：持品赏杯盖于闻香杯上，上下翻转。

闻香：持闻香杯于鼻前，闻茶香。

品赏：端品赏杯尝茶汤滋味，闭口，使茶香留于喉舌齿间。

千里不同风，百里不同俗

茶俗

17

我国地域辽阔，人口众多，民族众多，自古以来就有以茶待客、以茶会友等风俗。自古代流传下来的饮茶习俗至今依然可见，形成了独特的茶文化。

我国饮茶历史悠久，各地饮茶的风俗习惯大体可分为：一、讲究清饮法（即追求茶之原味）的饮茶风习。我国绿茶、花茶、普洱茶、乌龙茶等均属此列。二、讲求调饮法（即茶汤中加以佐料）的饮茶风习。我国少数民族酥油茶、盐巴茶、打油茶等属于此列。三、品饮时讲究环境的多重享受。饮茶时，欣赏诗词书画、歌舞戏曲并配以点心、佐料。

● 客来敬茶

中国是礼仪之邦，客来沏茶、敬茶的过程中要做到"五好"：

茶叶品质：选取纯净、干燥、滋味香醇的成品茶。不选异味、异物、受潮的茶叶。也要由客人的喜好来冲泡茶品。

沏茶水质：选取上好水质，其好坏直接决定茶汤的色、香、味。

茶具质地：根据不同饮茶习惯、喜好为客人选择不同茶具，例如紫砂壶、玻璃杯、盖碗杯等。

冲泡技艺：根据茶类的不同选用不同的水温、水量、冲泡技艺。

敬茶礼节：客到敬茶，主人讲究"端、斟、请"，客人留意"接、饮、端"的动作。一道茶后，主人要观察客人杯中的茶水存量，使茶汤保持前后一致，水温适宜。

● 汉族的清饮法

汉族推崇清饮，认为品饮茶的清汤最能体现茶的特质。方法是用开水直接冲泡茶叶，不加任何佐料。各地清饮方式不同，大体可分为：潮汕啜乌龙、品西湖龙井、广州吃早茶、北京大碗茶、成都盖碗茶等。

● 维吾尔族的奶茶与香茶

新疆地区的北疆（天山以北地区）主要以加牛奶的奶茶为主；南疆（天山以南地区）主要以加香料的香茶为主，所以茶品均为茯砖茶。

● 藏族的酥油茶

酥油茶是一种在茶汤中加入酥油等原料，再经特殊方法加工而成的茶。西藏

各地迥异的饮茶风俗

茶的饮用方式

清饮法

定义　直接用沸水冲泡茶，在茶中不加其他任何调味品，追求茶的真香实味，品尝茶的原汁原味。

分布地区
日本　推崇"三绿"：干茶绿、汤色绿、叶底绿。
韩国　讲究"茶礼"。

调饮法

概念　是在茶的冲泡过程中添加一些既调味又含营养的食品。以调味为主的有食盐、薄荷、柠檬等，以营养为主的有奶乳、蜂蜜、白糖等。

分布地区　维吾尔族奶茶、蒙古族的咸奶茶、苗族打油茶、白族三道茶、回族罐罐茶。

汉族饮茶风俗

潮汕啜乌龙	杭州品龙井	广州吃早茶	北京大碗茶	成都盖碗茶

潮汕啜乌龙　流行于福建南部、广东潮州、汕头一带。特征是用小杯细啜乌龙。选取上好乌龙茶叶、溪泉水，配置一套精致的紫砂茶具。品饮前要进行洗、烫、冲、刮、盖、注等程式。饮用时先闻香、后辨味，小口品啜。

杭州品龙井　冲龙井茶的水以80℃左右为宜。茶杯最好选用白瓷杯或玻璃杯。水以山泉水为好。品茶时先细看杯中的青翠茶水，欣赏茶叶在杯中的姿态。将杯沿送入鼻端，嗅茶的香气，并慢慢品饮。

广州吃早茶　广州人常常在茶楼吃茶。泡上一壶茶并要上几件点心，名曰"一盅两件"。喝茶尝点，解渴充饥。

北京大碗茶　我国北方（尤其北京地区）流行喝大碗茶。大碗茶多采用大壶冲泡，大碗品饮。

成都盖碗茶　流行于四川成都、云南昆明等地区，是当地一种传统的饮茶方法。家庭待客也常用此种方法饮茶。

你需要了解的

茶俗

91

地处高原，空气稀薄，气候干燥，寒冷。酥油茶滋味多样，既可暖身，又能增加抗寒力，对于藏族人民来说有着比其他民族更为重要的作用。喝酥油茶很讲究礼节，客人来访，主人会奉上糌粑，再递上一只茶碗，按辈分大小逐个倒满酥油茶。在婚嫁中，藏族人视茶为珍贵礼品，其象征着美满的婚姻。

● 蒙古族的咸奶茶

蒙古族喜欢喝与牛奶、盐巴一道煮开后的咸奶茶。茶品多用青砖茶和黑砖茶，用铁锅烹煮。在烹煮过程中加入牛奶，而且注重"器、茶、奶、盐、温"五者的协调。蒙古人习惯于"三茶一饭"，每日清早，主妇们都会先煮好一锅咸奶茶，以供全家人一天喝用。

● 傣族、拉祜族的竹筒香茶

竹筒香茶为傣族与拉祜族独有的一种茶饮料。因原料细嫩，又名"姑娘茶"，产于云南西双版纳傣族自治州的勐海县。其制法有两种：一是采摘细嫩的一芽二三叶，经杀青、揉捻，装入嫩甜竹筒内；另一种方法是将毛尖与糯米一起蒸，茶叶软化后倒入竹筒内。茶叶因此具有竹香、米香、茶香三味。

● 苗族、侗族的打油茶

打油茶是流行于桂北侗、壮、苗多民族聚居地的一种民间饮茶习俗，家家户户都喝打油茶。

● 白族三道茶

白族主要居住在我国云南大理白族自治州。不论过节、寿诞、婚嫁、宾客来访等主人都会以"一苦二甜三回味"的三道茶来款待。主人依次向宾客敬苦茶、甜茶和回味茶，象征人生的感悟。

● 土家族擂茶

土家族主要居住在我国的川、黔、鄂、湘四省交界地区。擂茶，又名"三生汤"，是用生叶、生姜、生米等三种生质原料加水煮成。擂茶有清热解毒，通经理肺的功能，土家族人视其为三餐不可或缺的饮品。

● 回族罐罐茶

回族主要居住在我国的大西北，回族的罐罐茶以中下等炒青绿茶为原料，加水煮而成。煮茶用的罐子不大，其质地主要用土陶烧制而成。煮茶的过程类似于煎熬中药的过程。

我国少数民族饮茶风俗

维吾尔族奶茶

新疆北疆（天山以北地区）以加牛奶的奶茶为主；南疆（天山以南地区）以加香料的香茶为主。

藏族酥油茶

酥油茶是将砖茶煮好，加入酥油放到木桶中，用一根搅棒用力搅打，使其成为乳浊液。所以又叫"打"酥油茶。

蒙古族咸奶茶

牛奶、盐巴一道煮开后的咸奶茶。茶品多用青砖茶和黑砖茶，用铁锅烹煮。在烹煮过程中加入牛奶。

傣族竹筒香茶

流行于云南西双版纳的勐海县、广南县。竹筒茶白毫突显，棒状外形，汤色明亮，具有竹叶清香。

苗族打油茶

流行于湖南、贵州、广西。用炒花生、油炸糯米花浸泡的黄豆、炒米与新茶搭配。

白族三道茶

流行于我国云南大理白族自治州。主人依次向宾客敬苦茶、甜茶和回味茶，象征人生的感悟。

土家族擂茶

又名"三生汤"，是用生叶，生姜，生米等三种生质原料加水煮成。擂茶有清热解毒，通经理肺的功能，土家族人视其为三餐不可或缺的饮品。

回族罐罐茶

流行于我国的西北地区，以中下等炒青绿茶为原料，放置陶器皿中加水煮成。

你需要了解的

茶俗

93

各具千秋的中国茶

七大茶类

中国茶叶的分类目前没有统一的标准。通常根据制造方法不同和品质上的差异，将茶叶分为绿茶、红茶、乌龙茶、白茶、黄茶、黑茶。加上属于再加工茶类的花茶，共分七大类。

● 绿茶

我国产量最多的茶类。属于"不发酵茶"。干茶、茶汤、叶底均呈绿色是其特点。主要品种有：西湖龙井、碧螺春等。

● 红茶

属于全发酵茶，红汤、红叶是其特点。有工夫红茶、红碎茶、小种红茶三个类别。主要品种有：祁红、滇红、闽红、川红、宜红、宁红、越红、湖红、苏红。

● 乌龙茶

也称青茶，属于半发酵茶。品质特征是：色泽青褐、汤色黄亮，叶底"绿底红镶边"，具浓郁的花香。品种有：安溪铁观音、武夷大红袍、冻顶乌龙茶。

● 黄茶

属轻发酵茶，创始于西汉时期。基本工艺近似绿茶，具有黄汤、黄叶的特点。成品茶条索细紧显毫，汤色杏黄，滋味醇厚。主要品种有君山银针、蒙顶黄芽、莫干黄芽等。

● 白茶

是一种表面满披白色茸毛的轻微发酵茶。加工方法特殊而简单，既不杀青，也不揉捻与发酵，只经过萎凋、干燥两个程序。主要品种有白毫银针、白牡丹、贡眉、寿眉等。

● 黑茶

中国特有茶类，生产历史悠久。由较粗的茶芽经过杀青、揉捻、渥堆、干燥等工艺加工而成。主要品种有湖南黑毛茶、湖北老青茶、云南普洱茶、四川南路边茶、广西六堡茶等。

● 花茶

又名薰花茶、香片茶。是茶叶和香花拼和窨制的再加工茶类。因所用香花不同分为茉莉花茶、玫瑰花茶、白兰花茶、玳玳花茶。成品茶特点为气味浓郁，滋味鲜醇，汤色清亮。

炒青绿茶
　　眉茶(炒青、特珍、珍眉、凤眉、秀眉、贡熙等)
　　珠茶(珠茶、雨茶、秀眉等)
　　细嫩炒青(龙井、大方、碧螺春、雨花茶、松针等)

烘青绿茶
　　普通烘青(闽烘青、浙烘青、徽烘青、苏烘青等)
　　细嫩烘青(黄山毛峰、太平猴魁、华顶云雾、高桥银峰等)

绿茶
　　晒青绿茶(滇青、川青、陕青等)
　　晒蒸青绿茶(煎茶、玉露等)

红茶
　　小种红茶(正山小种、烟小种等)
　　工夫红茶(滇红、祁红、川红、闽红等)
　　红碎茶(叶茶、碎茶、片茶、末茶)

乌龙青茶
　　闽北乌龙(武夷岩茶、水仙、大红袍、肉桂等)
　　闽南乌龙(铁观音、奇兰、水仙、黄金桂等)
　　广东乌龙(凤凰单枞、凤凰水仙、岭头单枞等)
　　台湾乌龙(冻顶乌龙、包种、乌龙等)

白茶
　　白芽茶(银针等)
　　白叶茶(白牡丹、贡眉等)

黄茶
　　黄芽茶(君山银针、蒙顶黄芽等)
　　黄小茶(北港毛尖、沩山毛尖、温州黄汤等)
　　黄大茶(霍山黄大茶、广东大叶青等)

黑茶
　　湖南黑茶(安化黑茶等)
　　湖北老青茶(蒲圻老青茶等)
　　四川边茶(南路边茶、西路边茶等)
　　滇桂黑茶(普洱茶、六堡茶等)

基本茶类

中国茶叶

再加工茶类　花茶(茉莉花茶、珠兰花茶、玫瑰花茶、桂花茶等)

西湖龙井、碧螺春的族群
历史悠久的绿茶

绿茶属于不发酵茶，生产历史最久，品种繁多，其特点为成茶、汤色、叶底均为绿色。

● **绿茶**

绿茶属于"不发酵茶"，主要特征为成茶、汤色、叶底都为绿色。是我国历史上出现最早的茶类，有着悠久的生产历史。唐代时期我国已流行用蒸青法制造绿茶，之后传入日本，并被许多国家所采用。明代时期，我国发明了炒青法制造绿茶。

绿茶在我国产量最大，几乎各省均产绿茶，以浙江、江苏、安徽、江西、湖北、湖南、贵州为最多。

绿茶原料选自茶树新梢，鲜叶采摘下来后，不经过发酵，经过杀青、揉捻、干燥三道基本工序。杀青的目的是为了杀死鲜叶中的催化酶，使叶片失去部分水分，变得柔软，便于成形。揉捻的目的是为了使茶叶叶片形成一定形状，使叶汁附在叶表，冲泡时茶汁能溶解于水。干燥的目的是为了防止茶叶变质，便于贮藏。

依据绿茶的制作和干燥方式的不同，可分为蒸青绿茶、炒青绿茶、烘青绿茶、晒青绿茶、半烘半炒绿茶五大类。

我国现在生产的绿茶茶类，出口外销的炒青绿茶种类有眉茶（珍眉、特珍）、珠茶、贡熙、雨茶、秀眉、茶片。国内经销的炒青绿茶种类有西湖龙井茶、碧螺春茶、大方茶等；烘青绿茶种类有毛峰、尖茶、瓜片、绿大茶；半烘半炒的绿茶种类有辉白茶等。

炒青绿茶外形条索紧细，香气清雅，滋味醇正，汤色碧绿、清澈，叶底嫩绿。烘青绿茶外形条索匀直，香气淡，汤味鲜爽、不干涩，叶底匀嫩黄绿。

绿茶

绿茶

　　绿茶属于不发酵茶，是我国历史上出现最早的茶类，唐代时期已用蒸青法制造绿茶，之后传入日本，并被许多国家所采用。明代时期，我国发明了炒青法制造绿茶。绿茶在我国产量最大，几乎各省均产，以浙江、江苏、安徽、江西、湖北、湖南、贵州为最多。

基本制作流程

杀青 目的在于蒸发鲜叶中的水分，发散青臭气，破坏酶的活性，抑制多酚类酶促氧化，保持绿茶的绿色特征。

揉捻 使芽叶卷紧成条，破损茶组织使茶汁流出，便于冲泡。

干燥 除去茶条中的水分，使茶叶香气挥发。分为炒干、烘干两种方法。
炒干：炒青绿茶制作工艺，在锅子中进行，分二青、三青、挥干三个过程。
烘干：烘青绿茶制作工艺，分毛火、足火二个过程。

泡饮方法

玻璃杯泡法　　盖碗泡法　　壶泡法　　单开泡饮法

制作程序表

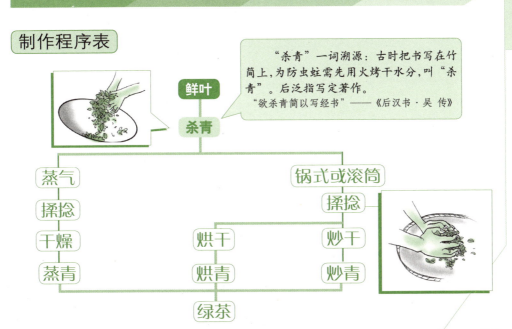

　　"杀青"一词溯源：古时把书写在竹简上，为防虫蛀需先用火烤干水分，叫"杀青"。后泛指写定著作。
"欲杀青简以写经书"——《后汉书·吴传》

鲜叶
杀青

蒸气　　锅式或滚筒
揉捻　　揉捻
干燥　　烘干　　炒干
蒸青　　烘青　　炒青
绿茶

工夫红茶的天下

风靡世界的红茶

20

红茶是全发酵茶，生产工艺大体为：萎凋、揉捻、发酵、干燥。其品质特点是红汤红叶，茶味鲜爽。中国生产的红茶种类繁多，产地较广，有工夫红茶、红碎茶和小种红茶三个类别。

红茶是全发酵茶，因干茶颜色与茶汤色泽为红色，故名"红茶"。红茶是全世界生产与销售数量最多的一个茶类，很受普通大众的喜爱。

红茶原料选取采摘下来的茶树嫩芽，经过萎凋、揉捻、发酵、烘干制作而成。由于红茶在制作过程中发生了化学反应，改变了鲜叶中的化学成分，使茶多酚减少了90%以上，并产生茶红素、茶黄素等新成分，香气物质也比鲜叶有了明显提高，所以红茶具有红叶、红汤、味醇、香甜的特征。

红茶以其制作方法不同可分为三类：一是工夫茶。其茶叶呈条索状，细长显锋苗，滋味醇和，叶底完整。二是红碎茶。其茶叶外形细碎，可分为叶茶、碎茶、片茶、末茶、红碎茶等不同品类。茶汤鲜红明亮，滋味鲜爽浓烈，有刺激性。是目前国际市场上数量最多的茶类。三是小种工夫红茶（福建生产）。品质优异，经特殊加工附带有烟味。

我国生产红茶的省区有福建、安徽、浙江、江苏、江西、湖北、湖南、云南、贵州、四川、广东、广西、台湾地区。我国在红茶贸易上习惯以茶叶的产地命名。安徽省祁门地区生产的红茶称"祁门红茶"；云南所产工夫红茶统称为"滇红"；四川所产的红茶简称为"川红"。红碎茶如云南红碎茶、广东英德红碎茶。工夫红茶在福建有"白琳工夫"、"政和工夫"、"坦洋工夫"之分。

红茶

红茶

红茶是全发酵茶，因干茶颜色与茶汤色泽为红色，故名“红茶”。原料选取采摘下来的茶树嫩芽，经过萎凋、揉捻、发酵、烘干制作而成。以其制作方法不同可分为工夫茶、红碎茶、小种红茶。生产红茶省区有福建、安徽、浙江、江苏、江西、湖北、湖南、云南、贵州、四川、湖南、广东、广西、台湾地区。

品种主要有“祁门红茶”、“川红”、“滇红”、云南红碎茶、广东英德红碎茶、“白琳工夫”、“政和工夫”、“坦洋工夫”等。

红茶基本制作流程

1. **萎凋**：鲜叶适度失水、内含物转化的过程。是为揉捻（切）和发酵做好准备。
2. **揉捻(切)**：破坏鲜叶组织，加速多酚类的酶促氧化，塑造成茶外形，提高茶汤浓度。
3. **发酵**：揉捻（切）叶在一定温度、湿度、供氧条件下，生化成分发生一系列化学变化的过程。
4. **干燥**：终止酶促氧化，散失水分，散发青草气，提高、发展成茶香气。
5. **过红锅**：小种红茶加工的特殊处理过程。作用在于停止发酵，保存部分可溶性茶多酚，使茶汤浓厚，使青臭味在高温中挥发，增加香气。
6. **烟薰烘焙**：小种红茶特殊处理工艺。在毛火时进行，将“过红”复揉后的茶叶摊放于水筛上，置于烘青间吊架上，下烧未干松木，松烟上升被茶叶吸收，使干茶带松香味，成为小种红茶的特征。

泡饮方法

清饮法 → 调饮法 → 杯饮法 → 壶饮法

制作程序表

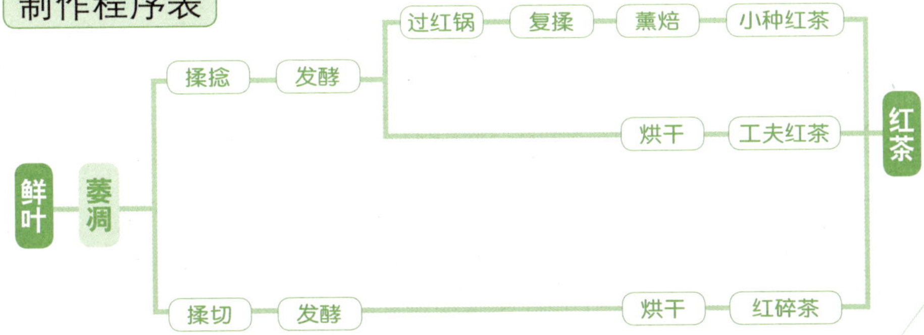

铁观音、冻顶乌龙的世界

天赐其福的乌龙茶

乌龙茶属于半发酵茶，是兼有绿茶与红茶两者特点的茶类。品质特征为茶色青褐，茶汤黄亮，叶底绿底镶红边，富兰花香。

乌龙茶又称青茶，是半发酵茶类的总称。是我国特产的茶叶种类，除日本学习我国乌龙茶制法外，其他国家都不会生产，是"茶痴"的最爱。主要产于福建闽北、闽南、广东、台湾地区。近来湖南、四川等省也有少量生产。主要品种有安溪铁观音、武夷大红袍、肉桂、凤凰水仙、冻顶乌龙茶等。

乌龙茶兼具了绿茶、红茶的制作工艺，有"绿叶红镶边"的美誉。品质介于绿茶、红茶之间，既有绿茶的清淡、香爽，又有红茶的浓烈醇甘，品饮后回甘味鲜，唇齿留香。优质乌龙茶外形壮大，色泽碧绿至褐乌，汤色橙黄至橙红，香气持久浓郁，滋味鲜甘醇厚。

乌龙茶独特优良的茶汤品质，源于它选自特殊的茶树品种、采用特殊的采摘标准与特殊的制作工艺。乌龙茶鲜叶在茶树新梢生长至一芽四五叶，顶芽形成驻芽时，采摘其二三叶，叫做"开面采"。鲜叶经晒青、凉青、做青等工序，使茶叶生成茶红素、茶黄素，从而形成"绿叶红镶边"的特性，并且散发出一种特殊的兰花香气。后经高温炒青，使成茶形成粗壮紧结的条索，最后进行烘焙，进一步发挥茶香。

由于香气特佳、品质优异，乌龙茶主要是一种侨销茶，外销港澳及东南亚地区。

乌龙茶

乌龙茶

　　乌龙茶又称青茶，是半发酵茶类的总称。主要产于福建闽北、闽南、广东、台湾地区。近来湖南、四川等省也有少量生产。主要品种有安溪铁观音、武夷大红袍、肉桂、凤凰水仙、冻顶乌龙茶等。乌龙茶兼具了绿茶、红茶的制作工艺方法，有"绿叶红镶边"的美誉，品饮后回甘味鲜，唇齿留香。

基本制作流程

晒青　利用太阳散发鲜叶水分，叶片柔软从而缩短摇青时间、促进内含物发生化学变化，达到破坏叶绿素，除去青臭气，为摇青做好准备。　①

凉青　把晒青叶放置于室内透风阴凉处散失热量，让其水分重新分布，便于摇青，一般控制在30分钟左右。　②

做青　使叶子边缘互相摩擦，叶组织破裂，促进茶多酚氧化，形成乌龙茶特有的"绿叶红镶边"的特色，同时蒸发水分，加速内含物生化变化，提高茶香。　③

炒青　目的是利用高温钝化或停止酶的活性，终止发酵，进一步发挥茶香和便于揉捻。　④

揉捻和烘焙　一般分两次进行，工序为初揉、初烘、复揉（包揉）、复烘。　⑤

泡饮方法

潮汕工夫茶泡法　　福建工夫茶泡法　　台湾乌龙茶泡法

制作程序表

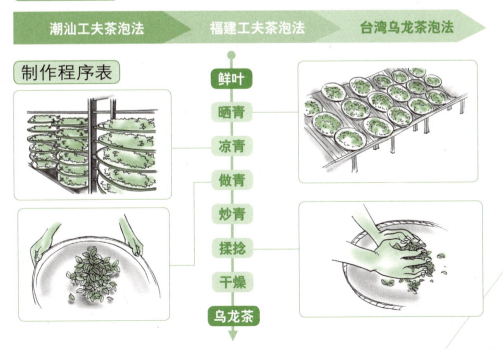

鲜叶 → 晒青 → 凉青 → 做青 → 炒青 → 揉捻 → 干燥 → 乌龙茶

珍贵的银针

色白银装的白茶

22

白茶为中国特有茶类，产茶历史悠久，主要产于福建。特点是成茶表面布满白色绒毛。

白茶是一种经过轻微发酵的茶。由于白茶的成品多为芽头，披白毫，似银类雪，故名"白茶"。 白茶是世界上享有盛名的茶类珍品，是我国特产。产于福建省松政、福鼎、建阳等县。白茶生产已有1000多年的历史，早在宋代宋徽宗的《大观茶论》中就记载："白茶自为一种，与常茶不同。"

白茶产区主要分布在福建一些县市。茶区内山峦起伏，多以红、黄色土壤为主，酸度适宜。常年气候温和，雨量充沛。白茶是根据茶树品种的不同而区分类别的。采自大白茶茶树的品种叫"大白"；采自水仙茶树的品种称为"水仙白"；采自菜茶茶树的品种称为"小白"。由于采摘标准不同，将采自大白茶单芽制成的茶品称为"银针"；将采自嫩梢芽叶，成品呈花朵状的，称为"白牡丹"。

白茶采摘要求鲜叶"三白"，即嫩芽、两片嫩叶都要满披白茸毛。

白茶制作工艺分为萎凋、干燥两道工序，关键在于萎凋。一般将鲜叶采下之后，让其长时间地自然萎凋、阴干，整个过程不揉也不炒。这样白茶的外形才能保持茶叶的自然形态。这种制法不会破坏酶的活性，也不会促进氧化作用，保持了茶叶自然的毫香，也保证了茶汤的鲜爽。白茶不仅外形美观，而且由于性凉，还具有降暑清凉，清热解毒的功效作用。

白茶

白茶

　　白茶是一种经过轻微发酵的茶，成品多为芽头，满披白毫，如银似雪，所以得名
"白茶"。　白茶是我国特产，是世界上享有盛誉的茶中珍品。产于福建省的松政、
福鼎、建阳等县的部分地区。采用优良品种大白茶树上的细嫩、白毫特多的芽叶为原
料，利用日光萎凋，低温烘干，不经炒揉的特异精细方法加工而成。

基本制作流程

总体制作流程：萎凋、晒干、烘干。

以"白毫银针"为例　鲜叶→太阳暴晒至八九成干→文火（40℃～45℃）→烘至足干。

以"白牡丹"为例　鲜叶→日光萎凋至七八成干→筛或堆放→烘焙→拣剔。

泡饮方法

备具 ＞ 赏茶 ＞ 置茶 ＞ 浸润 ＞ 泡茶 ＞ 奉茶 ＞ 品饮

以"白毫银针"为例的制作工艺

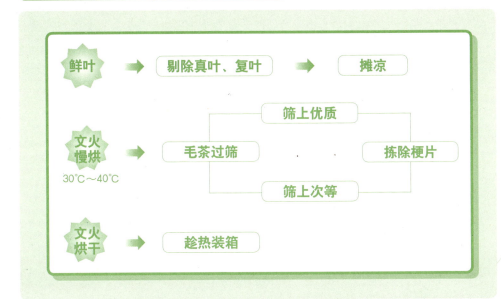

鲜叶 → 剔除真叶、复叶 → 摊凉

文火慢烘 30℃～40℃ → 毛茶过筛

筛上优质

拣除梗片

筛上次等

文火烘干 → 趁热装箱

蒙顶山上茶

疏而得之的黄茶

23

黄茶属轻微发酵茶，历史悠久，闷黄为其独有的制作工艺，其特征为黄汤、黄叶。

黄茶属轻微发酵茶，香气清醇，滋味爽口，茶性微凉，为我国特种茶类。主要产于我国的四川、湖南、湖北、浙江、安徽等省。黄茶的生产历史悠久，明代许次纾的《茶疏》中就有黄茶生产、采制、品尝等记载，距今已有将近400多年的历史。

黄茶最早是从炒青绿茶中被发现的。在炒青绿茶的过程中，杀青、揉捻后如果干燥不足或不及时，叶色就会变黄，茶汤也会变色，于是产生了一个新的茶叶品类：黄茶。虽然与绿茶的制作工艺有许多相似之处，但它比绿茶多了一道"闷黄"的工艺。"闷黄"使茶叶进行了发酵，使黄茶与绿茶有了明显的区别。因而绿茶属于不发酵茶类，而黄茶则属于发酵茶类。黄茶不仅茶身黄，汤色也呈浅黄至深黄色，形成了"黄汤黄叶"的品质风格。香气清高，滋味浓厚、鲜爽。

黄茶品种很多，依鲜叶老嫩程度差别可分为黄芽茶、黄小茶、黄大茶。

黄芽茶采用鲜嫩的一芽一叶或茶芽，产量极少，属黄茶中珍品。主要有湖南君山银针，四川的蒙顶黄芽和安徽霍山黄芽等。

黄小茶采用茶叶的一芽二叶，其鲜嫩程度比不上黄芽茶。主要品种有湖南北港毛尖、湖北的鹿苑茶、浙江的平阳黄汤等。

黄大茶鲜叶较粗大，采摘一芽三四叶或四五叶，主要品种有安徽霍山的霍山黄大茶、广东的大叶青等。

黄茶

黄茶

　　黄茶属轻微发酵茶，生产历史悠久，香气清醇，滋味爽口，茶性微凉，为我国特种茶类。主要产于我国的四川、湖南、湖北、浙江、安徽等省。黄茶最早是从炒青绿茶中被发现的，比绿茶多了一道"闷黄"的工艺。

　　主要品种有君山银针、蒙顶黄芽、霍山黄芽、北港毛尖、鹿苑茶、平阳黄汤、霍山黄大茶、大叶青等。

基本制作流程

闷黄　是形成黄茶"黄汤黄叶"品质的关键工序。闷黄工艺分为湿坯闷黄和干坯闷黄，闷黄时间短的15~30分钟，长的则需5~7天。

以"蒙顶黄芽"为例　鲜叶→杀青→初包（闷黄）→复锅→复包（闷黄）→三炒→摊放→四炒→烘焙

泡饮方法

赏茶　>　洁具　>　置茶　>　高冲　>　赏茶

制作程序表

鲜叶

杀青

揉捻

闷黄

干燥

黄茶

名词解释

闷黄
　　是指在湿热条件下，绿茶茶叶由于人为因素而导致的"黄变"，由于掌握适当，可以改善茶叶香味。这就是黄茶最初由绿茶发展而来的原因。

普洱茶的群落

独具陈香的黑茶

24

黑茶属后发酵茶，因茶色为黑褐色而得名，为中国特有茶类。历史悠久，品种丰富。

黑茶是由绿茶演变而来的，属于后发酵茶，茶叶黑褐光润，茶性温和，具有独特的陈香。黑茶主要产于云南、四川、广西、湖南、湖北等地，主要品种有云南普洱茶、四川边茶、广西六堡散茶、湖南黑茶等，其中以云南普洱茶最为著名。

黑茶生产历史悠久，最早的黑茶最先由四川生产，由绿茶的毛茶经蒸压而制成。过去由于交通不便，运输困难，想要将四川的茶叶运到西北地区，就必须减小茶叶的体积。将其蒸压成团饼状是一种好的方法。在将茶叶压成团块的同时，由于堆积发酵时间较长，茶叶中的多酚类物质充分进行了自动氧化，毛茶的色泽逐渐由绿变黑，使成品团块变为黑褐色，因此形成了黑茶。

黑茶采摘的鲜叶都比较老粗，叶粗梗长。标准多为一芽五六叶。制作工艺流程包括杀青、揉捻、渥堆做色、干燥四道工序。渥堆是将揉捻好的茶叶放置到潮湿的环境中进行发酵，具有一种温热作用。渥堆是决定黑茶品质的关键工序，渥堆时间长短、程度轻重都会直接影响黑茶成品茶的品质，使不同类别黑茶的风格具有明显差别。

湖南黑茶：干茶条索紧卷，具醇厚香气，带松烟香，没有粗涩味，茶汤橙黄，叶底黄褐色，为黑砖茶、茯砖茶、花砖茶的原料。

湖北老青茶：干茶条索较紧，带白梗，色泽乌黑发绿，为青砖茶的原料。

四川边茶：叶卷成条状，色泽褐如猪肝色，香气纯正，滋味平和，汤色红黄明亮，叶底棕褐色，是康砖、金尖、方包茶的原料。

云南普洱茶：分为普洱散茶、紧压茶。散茶条索粗肥，色泽褐红至乌润，滋味醇甘，具有陈香。紧压茶分沱茶、七子饼茶等。

黑茶

黑茶

　　黑茶属于后发酵茶，茶叶黑褐光润，茶性温和，具有独特的陈香。主要产于云南、四川、广西、湖南、湖北等地，主要品种有云南普洱茶、四川边茶、广西六堡散茶、湖南黑毛茶等，其中以云南普洱茶最为著名。

　　黑茶采摘的鲜叶都比较叶粗梗长。标准多为一芽五六叶。制作工艺流程包括杀青、揉捻、渥堆做色、干燥四道工序。

基本制作流程

工艺流程以"湖南黑毛茶"和"茯砖"为例：

黑毛茶　鲜叶→杀青→初揉→渥堆→复揉→干燥

茯砖　黑毛茶→拼配→拼堆筛分→汽蒸渥堆→压制定型→干燥发花→成品包装

泡饮方法

赏具 〉温茶 〉置茶 〉涤茶 〉淋壶 〉泡茶 〉出汤 〉沥茶 〉分茶 〉敬茶 〉品饮

制作程序表

鲜叶
杀青
揉捻
渥堆
干燥
黑毛茶
再加工
黑茶

渥堆原理： 通过湿热作用，将多酚类化合物转化成茶叶内含物。减少茶叶苦涩味，使茶汤滋味变醇，消除臭青气。

渥堆过程： 将茶青堆在竹垫上，并至一定厚度。在茶青上喷水，盖上湿布，上置放有覆盖物，用来保温、保湿，促进化学变化。

茉莉花茶与玫瑰花茶的群落

茶溢花香的花茶

花茶又名薰花茶、窨花茶等，属于兼有茶香与花香的再加工茶类。

花茶又称为薰花茶、薰制茶、香花茶、香片。古代就有在绿茶中加入龙脑香香料的制法，直至13世纪有了茉莉花窨茶的记载，花茶才真正成为一种茶类。主要产区包括浙江、江苏、湖南、四川、福建、广东、广西等地。

花茶采用已加工茶坯作原料，加上符合食用、能够散发香味儿的鲜花为花料，采用特殊窨制工艺制作而成。

用于窨制花茶的茶坯主要是绿茶，少数用红茶、乌龙茶。绿茶以烘青绿茶窨制的花茶品质最好。花茶因为窨制鲜花不同分为茉莉花茶、白兰花茶、珠兰花茶、玳玳花茶、柚子花茶、桂花花茶、玫瑰花茶、米兰花茶、栀子花茶、金银花茶等。其中以茉莉花茶最佳，其香气芬芳、清高。其次是珠兰花茶，香气纯正清雅；玉兰花茶，香气浓烈；玳玳花茶，香气味浓；桂花茶，香味淡且持久。茉莉花茶产量最大，占花茶总产量的70%，以福建福州、江苏苏州最佳。

制作花茶基本工艺包括茶坯复火、玉兰花打底、窨制并和、通花散热、起花、复火、提花、匀堆装箱等。

茉莉花茶因所用的茶坯不同，所以有茉莉大方、茉莉绣球、茉莉烘青、茉莉龙珠之分。茉莉花茎杆粗壮，叶片嫩绿，花瓣洁白，香气优雅清高。用作窨制花茶的茉莉花通常要在下午采摘，采其中含苞待放的大蕾。将其摊放几小时后，到晚间八点左右，花蕾开始向外吐香。这时把素坯茶叶和鲜花拌和、摊放窨制，让茶叶吸收花香。这一过程一般要反复多次，窨制往往也要进行三至五次。

花茶

花茶

花茶又名薰花茶、窨花茶等，属于兼有茶香与花香的再加工茶类。主要产区为浙江、江苏、湖南、四川、福建、广东、广西等地。花茶采用已加工好的绿茶，红茶、乌龙茶茶坯作原料，加上符合食用能够散发出香味儿的鲜花为花料原料，采用特殊的窨制工艺制作而成。品种分为茉莉花茶、白兰花茶、珠兰花茶、玳玳花茶、柚子花茶、桂花花茶、玫瑰花茶、米兰花茶、栀子花茶、金银花茶等。

基本制作流程

茶坯复火 ⟶ 玉兰花打底 ⟶ 窨制并和 ⟶ 通花散热 ⟶ 起花 ⟶ 复火 ⟶ 提花 ⟶ 匀堆装箱等

花茶的泡饮方法

玻璃盖杯法 　　茶壶泡饮法 　　白瓷盖杯法

花茶制作程序

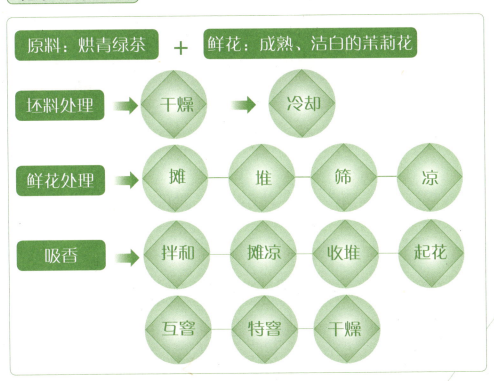

原料：烘青绿茶 ＋ 鲜花：成熟、洁白的茉莉花

坯料处理 ➡ 干燥 ➡ 冷却

鲜花处理 ➡ 摊 — 堆 — 筛 — 凉

吸香 ➡ 拌和 — 摊凉 — 收堆 — 起花

互窨 — 特窨 — 干燥

109

能喝的古董

普洱茶

26

普洱茶被誉为"能喝的古董"，是指它具有可饮、可藏的双重特性。加上它滋味甘醇，具有减肥、防癌、抗衰老的功效使其刮起了一股强劲的"普洱旋风"。

● 普洱茶

产于云南西双版纳等地，因自古以来即在普洱集散，因而得名。普洱茶是采用绿茶或黑茶经蒸压而成的各种云南紧压茶的总称，包括沱茶、饼茶、方茶、紧茶等。普洱茶的制作以经杀青后揉捻晒干的晒青茶为原料，经过泼水堆积发酵的特殊工艺加工制成，再经过干燥过程处理，即加工为普洱茶。普洱茶的品质优良不仅表现在它的香气、滋味等饮用价值上，还在于它有可贵的药效，因此，海外侨胞和港澳同胞常将普洱茶当做养生妙品。

普洱茶的历史十分悠久，早在唐代就有普洱茶的贸易了。普洱茶采用的是优良品质的云南大叶种茶树之鲜叶，分为春、夏、秋三个规格。春茶分为"春尖"、"春中"、"春尾"三个等级；夏茶又称"二水"；秋茶又称为"谷花"。普洱茶中以春尖和谷花的品质最佳。现在，普洱茶的种植面积很广泛，已经扩大到云南省的大部分地区，以及贵州省、广西省、广东省及四川省的部分地区。

普洱茶是以云南大叶种茶树鲜叶加工而成，分传统和现代两种制作工序。

● 六大茶山

云南产的普洱茶主要出于"六大茶山"，即位于西双版纳地区的曼洒茶山、易武茶山、曼砖茶山、倚邦茶山、革登茶山和攸乐茶山。

普洱茶的药效
(1) 降脂、减肥、降压、抗动脉硬化。
(2) 防癌、抗癌。
(3) 养胃、护胃。
(4) 健牙护齿。
(5) 消炎、杀菌、治痢。
(6) 抗衰老。

选购普洱茶的四大要诀
一清：闻茶饼味。味道要清，不可有霉味。
二纯：辨别色泽。茶色呈枣红色，不可黑如漆色。
三正：存储得当。存放于仓中，防止其变得潮湿。
四气：品茶汤。回甘醇和，不可有杂陈味。

普洱茶

云南普洱茶（贡茶）

属于黑茶紧压茶，历史名茶。鲜叶采摘自云南大叶种晒青毛茶，经风、筛、拣等工序，再拼配成盖茶、理茶。压制前泼水、渥堆进行后发酵。

特征

茶形状：棱角整齐
茶色泽：褐红
茶汤色：红褐色
茶香气：陈香
茶滋味：醇浓
茶叶底：深猪肝色
产地：云南省勐海、
　　　德宏自治州

传说故事

三国时期，诸葛亮带兵征讨云贵一带。

士兵水土不服，纷纷患了眼疾，无法行军打仗。

情急之下，诸葛亮将拐杖戳进岩石，拐杖立刻变成了一株茶树。

茶树的汤汁治好了士兵的眼疾，普洱茶能治眼病的药效也一传千百年。

普洱茶的种类

普洱砖茶

普洱方茶

七子饼茶

普洱茶的制作工艺

锅炒

洒水

人工熟化 ― 杀青 ― ― 揉捻 ― 干燥 ― 增湿渥堆 ― ― 干燥

滚筒

茶菌

你需要了解的

普洱茶

111

茶作为主角（1）

诗词、书画

27

茶事诗词与书画是中国古代艺术的瑰宝。我们可以从中看出茶文化的诸多侧面。

● 茶事诗词

茶事诗词，始见于晋代。左思有《娇女诗》："心为茶荈剧，吹嘘对鼎枥。"茶事诗词数量多，题材广泛，涉及茶文化的各个方面：

名茶：范仲淹《鸠坑茶》、梅尧臣《七宝茶》、苏轼《月兔茶》、苏辙《宋城宰韩文惠日铸茶》等。

名泉：陆龟蒙《谢山泉》、苏轼《求焦千之惠山泉诗》、朱熹《唐王谷水廉》等。

茶具：皮日休和陆龟蒙分别作《茶籝》、《茶灶》、《茶焙》、《茶鼎》、《茶瓯》等。

烹茶：白居易《山泉煎茶有怀》、皮日休《煮茶》、苏轼《汲江煎茶》、陆游《雪后煎茶》等。

品茶：钱起《与赵莒茶宴》、刘禹锡《尝茶》、陆游《啜茶示儿辈》等。

制茶：顾况《培茶坞》、陆龟蒙《茶舍》、蔡襄《造茶》、梅尧臣《答建州沈屯田寄新茶》等。

采茶和栽茶：张日熙《采茶歌》、杜牧《茶山下作》、朱熹《茶坂》、曹廷栋《种茶子歌》等。

颂茶：苏轼"从来佳茗似佳人"，将茶比作美女；秦少游《茶》："若不愧杜蘅，清堪拼椒菊"，将茶比作名花。

● 茶事书画

最早的茶事书画是唐代画家阎立本的《萧翼赚兰亭图》。五代顾闳中的《韩熙载夜宴图》描绘了茶饮、茶食、茶具，说明品茶是官宦夜宴生活的重要内容。宋代茶文化大盛，钱选《卢仝煮茶图》、刘松年《碾茶图》、《茗园赌市图》等，真实反映了作者对茶人生活的理解。北宋末年，宋徽宗赵佶的《文会图》，描绘了文人们举行大型茶会的场景。说明宋代饮茶已从实用走向高雅。元代赵孟頫的《斗茶图》形象反映了茶农在品茶、斗茶时的一种休闲心态。明代"吴门四子"——文徵明、仇英、唐寅、沈周都曾画过茶画。并以茶会友，领略品茶之乐。清代画家移情于茶馆文化，一批反映世俗于茶馆的风俗速写及小说插图是研究近代茶文化现象的重要资料。

茶事诗词、书画

诗词

唐代元稹的《宝塔诗》
或曰《一言至七言诗》：

茶

香叶，嫩芽。
慕诗客，爱僧家。
碾雕白玉，罗织红纱。
铫煎黄蕊色，碗转曲尘花。
夜后邀陪明月，晨前命对朝霞。
洗尽古今人不倦，将知醉后岂堪夸！

特别提示

米芾（1051—1107），北宋著名书法家。字元章，号襄阳漫士、海岳外史等。因嗜古物如命，不拘小节，世有"米颠"之称。

《苕溪诗》卷　米芾　北宋　纸本　行书

《苕溪诗》是米芾的代表作之一。诗中两句"懒倾惠泉酒，点尽壑源茶"记述了他因受朋友款待，每日酒菜不断，一次因为身体不适，米芾便以茶代酒，之后作了这首诗。诗中"点尽"二字验证了北宋时期点茶风行于世的盛况。

书画

《韩熙载夜宴图》顾闳中　五代（局部）北京故宫博物院藏

绘画充分表现了当时贵族们夜宴中的重要场景——品茶听琴。描绘的茶饮盛况以及茶食、茶具等，都说明品茶是古代官宦夜宴生活的重要内容。画中长几上茶壶、茶碗和茶点散放于主宾面前，主人端坐于榻上。左边有一少妇弹琴，宾客们一边饮茶一边听曲，非常怡然享受。

113

茶作为主角（2）

歌舞、戏曲

28

歌舞与戏曲是表现茶事活动的两种艺术形式，是劳动人民在茶事生产中创作出来的。

● **载歌载舞唱茶歌**

唐代诗人杜牧在其《题茶山》诗中描述了唐代采茶载歌载舞的热闹场面。在采茶季节，茶区中随处可见采茶姑娘尽情欢歌起舞的情景。

历史上流传下来的关于茶事的歌谣大多反映茶农的劳苦。如明代正德年间浙江杭州一带流行的《富阳江谣》，清代陈章的《采茶歌》等。

当代茶歌多表现茶乡秀美的山川以及采茶姑娘喜摘春茶的情景。也有表现男女青年互相爱慕的情景。

● **绘声绘影演茶戏**

茶与戏剧历来关系较深，历史上不少剧目表现了当时茶事活动的内容。如宋元南戏《寻亲记》中有一出"茶访"。

元代王实甫有《苏小卿月夜贩茶船》；高濂《玉簪记》中有一出"茶叙"；明汤显祖《牡丹亭》、清孔尚任《桃花扇》中"劝农"一场。这些都或多或少地涉及到了茶。

"采茶戏"是世界唯一由茶事发展而来的戏曲种类。流行于我国赣、鄂、湘、皖、闽、粤、桂等地。其不仅与茶有关，且是茶与戏曲互相吸收、接纳的一种艺术形式。

20世纪20年代初，著名剧作家田汉创作的《环璘与蔷薇》，其中有许多煮水、泡茶、斟茶的情节。老舍先生的《茶馆》，全剧以北京茶馆为背景，体现时代兴衰，再现了老北京茶馆的风俗——卖茶，又卖点心与菜饭。

黄梅戏原名为黄梅采茶戏。是由黄梅县流行的山歌、采茶小调等形成的一种民间戏曲。反映茶事文化的剧目有《送茶香》、《姑娘望郎》等。赣南茶戏中也有关于种茶、采茶、茶业贸易的茶戏。以茶取名的茶戏有《姐妹摘茶》、《送哥卖茶》、《小摘茶》、《九龙山摘茶》等。

茶事歌舞、戏曲

歌舞

中国各地的采茶姑娘都是能歌善舞的。在采茶时节，茶区随处可见翩翩起舞、放声歌唱的情景。各茶乡几乎都有"手采茶叶口唱歌，一筐茶叶一筐歌"的说法。

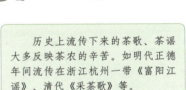

现当代流行的茶歌，多表现茶乡的春光山色，采摘茶叶的欢乐情景，也有表达男女青年爱慕心声的。

历史上流传下来的茶歌、茶谣大多反映茶农的辛苦。如明代正德年间流传在浙江杭州一带《富阳江谣》、清代《采茶歌》等。

戏曲

茶与戏剧的关系较深，以茶为题材、为情节或有关茶的戏剧不胜枚举。以茶命名的戏曲剧种有许多，如江西采茶戏，黄梅采茶戏，阳新采茶戏，粤北采茶戏等。这些地方戏种来源于茶区人民在劳动中自创的茶歌、茶舞、茶乐。

"龙谷丽人"茶艺以昆曲《牡丹亭·劝农》中茶事的戏剧情节发展而来。昆曲音乐编排茶艺歌舞，表现劝农、采茶、咏茶、点茶、泡茶、敬茶等情节。

◀ 《茶馆》（老舍编剧）通过描写发生在清朝末年北京"老裕泰"茶馆里的各色人物的遭遇与命运，揭示了社会变革的必要性和必然性。也体现了清末民初时期 的茶馆文化。

茶作为主角（3）

婚礼、祭祀

29

茶与婚礼、祭祀的关系，是婚姻的缔结与祭品的应用过程中吸收茶文化作为礼仪的具体形式。

● 茶与婚礼

茶常常在婚礼中扮演着非常重要的礼仪的角色。自唐太宗贞观十五年(公元641年)，文成公主入藏时，按本民族的礼节带去茶开始，至今已有1300多年了。唐时，饮茶之风甚盛，社会上风俗贵茶，茶叶成为婚姻不可少的礼品。 宋时，由原来女子结婚的嫁妆礼品演变为男子向女子求婚的聘礼。至元明时，"茶礼"几乎为婚姻的代名词， 姑娘受人家茶礼便是合乎道德的婚姻。清朝仍保留茶礼的观念。有"好女不吃两家茶"之说。

如今，我国许多农村仍把订婚、结婚称为"受茶"、"吃茶"，把订婚的定金称为"茶金"，把彩礼称为"茶礼"等。 在婚礼中用茶为礼的风俗， 也普遍流行于各民族。蒙古族订婚，说亲都要带茶叶表示爱情珍贵。回族、满族、哈萨克族订婚时，男方给女方的礼品都是茶叶。回族称订婚为"定茶"、"吃喜茶"，满族称"下大茶"。 至于迎亲或结婚仪式中用茶，主要有新郎、新娘的"交杯茶".、"和合茶"，或向父母尊长敬献的"谢恩茶"、"认亲茶"等仪式。

● 茶与祭祀

我国以茶为祭，大致是在南北朝时逐渐兴起的。南北朝齐武帝萧颐永明十一年(公元493年)遗诏说："我灵上慎勿以牲为祭，唯设饼、茶饮、干饭、酒脯而已……"齐武帝萧颐提倡以茶为祭，把民间的礼俗，吸收到统治阶级的丧礼中，并鼓励和推广了这种制度。

我国的祭祀活动，还有祭天、祭地、祭灶、祭神、祭仙、祭佛，不可尽言。 古代用茶作祭，一般有这样三种形式：在茶碗、茶盅中注以茶水；不煮泡只放以干茶； 不放茶，久置茶壶、茶盅作象征。 我国许多兄弟民族，也有以茶为祭品的习惯。如布依人的祭土地活动，每月初一、十五，由全寨各家轮流到庙中点灯敬茶，祈求土地神保护全寨人畜平安。 祭品很简单，主要是用茶。再如云南丽江的纳西族，无论男女老少，在死前快断气时，都要往死者嘴里放些银末、茶叶和米粒，他们认为只有这样死者才能到"神地"。 祭祀活动中的以茶作祭品，可以说是茶文化发展过程中衍生出来的一种带封建迷信的副文化，但真实地反映了人类的历史现象。

茶与婚礼、祭祀

婚礼

"吃茶"古代指男方向女方求婚，托人给女方送订婚聘礼的行为。"吃茶"作为婚嫁的必要程序最早可追溯至唐代。据《旧唐书·吐蕃传》记载，文成公主嫁给松赞干布的时候，带去了茶叶。唐太宗以茶作嫁妆，作为婚姻美满的象征。西藏地区也由此开创了饮茶之风。

"受茶"是女方接受男方送来的聘金、聘礼。某些地区女方要给男方带回一包茶、一袋米，用"茶代水，米代土"表示女方嫁到男方家，能服"水土"。

茶树是常绿植物，古人常用来借喻爱情之树常绿。以茶作为聘礼，象征新郎、新娘永结同心、白头到老。婚后，也要像茶树一样的枝繁叶茂，喻其子孙满堂。

祭祀

从古至今茶常常被用来作为祭祀物品。祭祀活动有祭祖、祭神，祭仙，祭物等，同以茶为礼相比，显得更加虔诚、讲究。

古代用茶作祭祀的三种形式：
①在茶碗、茶盅中注以茶水。 ②不煮泡只放以干茶。 ③不放茶，久置茶壶、茶盅作象征。

第2章

雀劬一手
口戌提刀

百草让为灵，功先百草成
起源

　　地球上出现茶属植物已有七八千万年的历史，但茶真正
被人类所发现和利用却仅有四五千年。中华民族是最早发现和利用
茶的，但茶究竟是怎样起源的？它在什么地方起源？同其他物种一样，起源
问题是很难进行精确认定的，我们只有从史料中寻觅茶的踪迹，结
合科学理论探究其最初的本源。

本章内容提要

- 中国是茶树的发源地
- 茶树的整体构造
- 茶树的种植
- 茶树的鉴别
- 茶的药用成分
- 茶树的功效

地球上出现茶属植物已有七八千万年的历史，但茶真正被人类所发现和利用却仅有四五千年。中华民族是最早发现和利用茶的，但茶究竟是怎样起源的？它在什么地方起源？同其它物种一样，起源问题是很难进行精确认定的。我们只有从史料中寻觅茶的踪迹，结合科学理论探究其最初的本源。

寻找最初的本源
根在中国

我国发现茶树、饮用茶的历史，据文献可查的，最早为公元前1100年的周代，距今已达3000多年。这一最早的茶叶历史记载证明了我国是世界上最早采制、饮用茶叶的国家。

《茶经》中记载我国"巴山峡川"有"两人合抱"的大茶树，陆羽并对茶树形态特征作了比拟的描述。其实，在《茶经》之前的古代史料中，已有关于我国西南地区是茶树原产地的记述，这给我国是茶树原产地的论点提供了佐证：

晋代常璩《华阳国志·巴志》记载公元前1066年周武王伐纣时，茶叶已作为"贡品"；

西汉末年，杨雄所著《方言》中也记载"蜀西南人谓茶曰蔎"；

《晏子春秋》记载："婴相齐景公时，食脱粟之饭……茗菜而已。"

近代科学的发展使茶学与植物学相结合，从树种、地质、气候等方面更加科学地论证了我国西南地区是茶树原产地的观点。

● 茶树自然分布是考证原产地的首要依据

世界目前发现的山茶科植物共有380多种，我国有260多种，主要分布在云、贵、川一带。其山茶属有60多种，茶树种占最重要地位。山茶科植物目前在我国西南地区大量集中，由此可说西南地区是茶树的发源地。

● 地质变迁引起的种内变异论证

我国西南地区群山起伏，自喜马拉雅运动开始形成了川滇纵谷和云贵山原。近100万年以来，随着山原上升，河谷下切，形成了许多小地貌区和小气候区，导致气候差异大，使原来生长这里的茶树植物渐渐分布在热带、亚热带、温带、寒带气候之中，向着相应环境的树种演化。从最初的茶树原种分演成为热带、亚热带型的大叶种和中叶种茶树，以及温带的中叶种及小叶种茶树。我国西南地区发生了诸多地质与气候的变化，使茶树发生了变异。

● 具备原始茶树的形态与生化特征

茶树在漫长的历史演化中，总是不断在进化着的。原始型茶树生长比较集中的地域，应属于茶树原产地。我国西南三省及周边地区生长有野生大茶树，其具备原始茶树形态和生化特征。这些都说明我国西南地区是茶树原产地。

中国是茶树的发源地

我国发现的野生大茶树

广西大明山野生茶树
树高：13.3米
植株形态：茶树群落

四川野生古茶树
树高：13.6米
植株形态：集中成片

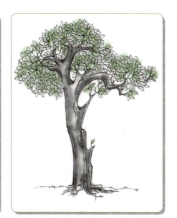

贵州桐梓大茶树
树高：13米
叶长：21.2厘米
叶宽：9.4厘米

四川
贵州
云南
广西 广东

云南大黑山野生大茶树
树高：14.7米
树围：2.9米
植株形态：单株
树龄：约1700年

广东从化县大叶种茶树
树高：数米至十余米
植株形态：开花结实少

关于茶树起源问题的争论

　　1824年以后，印度发现有野生茶树，国外学者据此对茶树原产于中国提出异议，因此引发了争论。印度与中国相隔着泰提斯海，是并不相联的两个古大陆。现在喜马拉雅山脉南坡当时还都深埋在喜马拉雅海底。所以，茶树的原产地不可能在印度，而是在中国的西南地区。

绵长而有序的传承

"茶"的字源

在中国古代史料中，有关茶的名称很多，到了中唐时期，茶的音、形、义已趋于统一，后来又因陆羽《茶经》的广为流传，"茶"的字形进一步得到确立，直至今天。

● 源由以及字形的确立

在中国茶学史上，一般认为在唐代中期（约公元8世纪）以前，"茶"写成"荼"，读作"tu"。荼字最早见于《诗经》。在《诗·邶风谷风》中记有："谁谓荼苦？其甘如荠。"但"荼"，并不是茶。开始以"荼"字明确地包含有"茶"字意义的，是《尔雅·释木》中的"槚，苦荼"。公元2世纪，东汉许慎在其所著《说文解字》中述："荼，苦荼也。"宋代徐铉等在该书注中述"此即今之茶字"。

自秦汉以来，茶由西南地区传播于内陆汉民族居住地区，因味苦，发音近似"荼"，"荼"被用来表达"茶"这种药物和饮品，由于历史的沿承，"荼"的字音与字义并不止一个，其用来表述"茶"，以及后来"茶"字脱胎于它（少了一横），是受了陆羽《茶经》和卢仝《茶歌》的影响。而陆羽在《茶经》注中说"茶"字的出处来源于《开元文字音义》（此书为唐玄宗所撰，

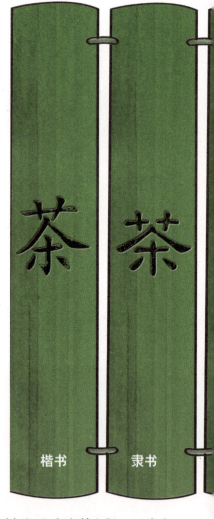

楷书　　隶书

"茶"字是其以御撰的形式定下来的）。但在当时新旧文字交替之际，正逢安史之乱、藩镇割据等动乱时期，"茶"字确定与传播必定不顺利。因而，陆羽在《茶经》中将茶的形、音、义三者确定、统一，使其能广泛流传开来，不能不说是他对茶学的一大贡献。

● 字音因地域而差异明显

我国幅员辽阔，自中唐"茶"字被普遍采用之后，因区域、方言各异，茶字读音差别很大。例如长江流域及华北地区有"cha"、"chai"、"zhou"

『茶』字历史演变

小篆　　　小篆　　　大篆　　　甲骨文

等音；福建省福州地区发音为"ta"，厦门地区为"te"；广东省广州地区发音是"cha"，汕头附近发音近似于厦门的"te(tay)"。

我国各民族地区"茶"字的发音差别更大，如瑶族叫"己呼"，苗族叫"忌呼"，贵州南部苗族叫"chuta"，傣族叫"la"等。

另一个名字
历史上的几种解读

茶在统一其字、其义之前有诸多称谓，古人在书中用别称代替这种特用作物，这些名字往往并不专指茶树的茶，在陆羽将茶定名之前，古人是将茶诗意化、雅赏化了。

● **荼**

《诗经》："堇荼如饴，皆苦菜也。"《康熙字典》记载："世谓古之荼，即今之茶，不知荼有数种，唯荼，苦荼之荼，即今之茶。"可知，"荼"就是指现代的"茶"，茶字并在其基础上确定。

● **茗**

《晏子春秋》《神农食经》曰："茶茗久服，令人有力，悦志。"东汉许慎的《说文解字》曰："茗，荼芽也。"如今茗作为茶的雅称，常为文人学士所用。

● **槚**

《尔雅·释木》称："槚，苦荼。"东汉许慎的《说文解字》和晋郭璞的《尔雅注》都作了专门的注释。历代史学家多认为，它是对茶的可靠记载。

● **荈**

西汉司马相如的《凡将篇》，是将茶列为药物的最早文字记载，称之为"荈诧"。三国魏张揖的《杂字》曰："荈，茗之别名也。"晋代陈寿的《三国志》谈及吴王孙皓为韦曜密赐茶荈"以当酒"。

● **蔎**

唐代陆羽《茶经》注解："杨执戟云：蜀西南人谓茶曰蔎。"是指汉代杨雄在《方言》中所说。因杨雄曾任"执戟郎"，故称其为"杨执戟"。

● **水厄**

洛阳《伽蓝记》载："……卿好苍头水厄，不好王侯八珍……"可知在南北朝时，"水厄"二字已成为"茶"的代用语。

● **丰富**

《辞源》："丰富系本名，叶大，味苦涩，似茗而非，南越茶难致，煎此代饮。""丰富"在这里应是茶的别称，或仅仅是指一种代用饮品。

● **苦菜**

《诗经》："堇荼如饴，皆苦菜也。"许慎《说文》："荼，苦菜也。"需要指出的是，后世人研究得出：茶与苦菜是两种事物。

● **其他名称**

除上述称谓外，表示"茶"的名称还有："甘侯"、"涤烦子"、"不夜侯"、"森伯"、"清友"、"馀甘氏"等。

茶在历史上的别称

特别提示

　　古人在书中用别称代替"茶"这种特用作物。或以形命名，或以性能命名，或仅仅以其自身对茶的感知来起一个雅观的名。

《诗经》："堇荼如饴，皆苦菜也。"就是指现代的茶。

茶

《晏子春秋》曰："茶茗久服，令人有力，悦志。"茗作为茶的雅称，常为文人所用。

茗

个侬侯

《尔雅·释木》称："槚，苦荼。""槚"是"榎"的异体字，"槚——笥"和"槚笥"都是茶箱的意思。

槚

苦菜

《诗经》："堇荼如饴，皆苦菜也。"后人研究，茶与苦菜是两种事物。

《三国志》谈及吴王孙皓为韦曜密赐茶荈"以当酒"。

荈

丰富

《辞源》："丰富系本名，叶大"，在这里应是茶的别称。

《茶经》注解："杨执戟云：蜀西南人谓茶曰蔎。"

蔎

水厄

洛阳《伽蓝记》载："卿好苍头水厄，不好王侯八珍。"

五大初相

根、茎、叶、花、果

　　茶树是由根、茎、叶、花、果等器官组成。《茶经》在描述茶树形态特征时，用了比拟的方法："树如瓜芦，叶如栀子，花如白蔷薇，实如栟榈，茎如丁香，根如胡桃。"

● 根

　　茶树根主要功能是固定植株，吸收土壤中水分以及溶解在水中的营养物质，并将这些营养物质传输到地上部。茶籽萌发时，胚根生长而成主根，主根上产生的各级大小分支叫侧根。直根系常垂直分布在较深土层，侧根常水平分布在较浅土层。

● 茎

　　茎连接着茶树的各个器官，由种子胚芽、叶芽伸育形成。也逐渐形成新的茎、叶、芽。茶树茎一般分主干、主轴、骨干枝、细枝，直到新梢。分枝以下部分称主干，分枝以上部分称主轴。主干是区别茶树类型的依据。根据主干特征和分枝部位高低的不同，可将茶树树型分为乔木型、半乔木型和灌木型。

● 叶

　　叶是进行光合作用和蒸腾作用的主要器官，由茎尖的叶原基发育而来。也是采茶的对象。叶片形状有卵圆形、倒卵形、椭圆形、长椭圆、圆形、披针形等。叶尖形状有长短、尖锐之分，分锐尖、钝尖、渐尖、圆尖等种。叶表面通常有不同程度的隆起，并有粗糙、光暗、平滑之分。

● 花

　　茶花是茶树生殖器官，由花萼、花冠、雌蕊、雄蕊等部分组成。花萼绝大部分呈绿色，外形近圆形。花冠白色，由5～9片大小不一的花瓣组成。雌蕊由子房、花柱、柱头组成。雄蕊可分为花丝和花药两部分。数目很多，一般有200～300枚。

● 果实

　　茶树种子的繁殖器官是果实。果实为蒴果，由茶花受精至果实成熟，约需16个月，这时，同时进行着花与果发育的两个过程，"带子怀胎"也是茶树的特征之一。成熟果实的果皮呈棕褐色，外种皮栗壳色，内种皮浅棕色，种胚两侧连接两片砷白色的子叶。

茶树各器官形态结构

茶树植株的形态

小乔木型

乔木型
茶叶种类：普洱茶

灌木型
茶叶种类：西湖龙井

叶、茎、花、果实

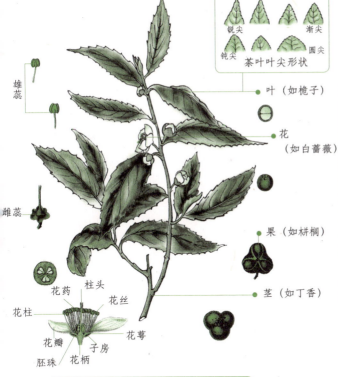

锐尖　渐尖
钝尖　圆尖
茶叶叶尖形状

叶（如椸子）

花
（如白蔷薇）

果（如枡橺）

茎（如丁香）

雄蕊

雌蕊

花药　柱头
花柱　　　花丝
花瓣　　　花萼
胚珠　花柄
子房

茶树个体发育周期模式

种子
幼苗 → 幼年 → 青年 → 壮年 → 衰老 → 死亡
复壮
营养体

茶树成长示意图

地上部分
12
9
6
3
0
3
6
9
12
15
18
地下部分
茶籽萌发过程示意图

1　2　3　4
幼年期根系
壮年期根系　衰老期根系
茶树根系形态变化

1　2　3
茶叶初展　一芽一叶
一芽四叶
芽叶生长过程

有驻芽的新梢
采摘条件下生长

起源

根、茎、叶、花、果

127

生长的关键
土壤、水分、光能、地形

茶树同万物一样，其生长所需的生态条件为水分、土壤、光能、热量等。《茶经》将这些生态条件直观地表达为"野者"、"园者"；"阳崖阴林"、"阴山坡谷"。

● 土壤：茶树生长的自然基地

陆羽将种茶土壤分为上、中、下三等，以烂石为上，砾壤为中，黄土为下。茶树生长所需肥料（养料、水分）是经由茶树根系从土壤中吸取的。土壤理化性质的优良直接关系到茶树生长的好坏。"烂石"应该指风化较完全的土壤，即所谓生土，其土壤有机质和土壤生物含量较多，适宜于茶树的生长发育。"砾壤"是指黏性小、含砂颗粒多的砂质土壤，土质中等。"黄土"，是一种质地黏重、结构较差的土壤，其土质最差。

● 水分：生命的源泉

茶树适宜于潮湿、多雨的生长环境，需要均匀量多的雨水。湿度低、雨量少于1500毫米，均不太适宜茶树生长。但如果蒸发量不足、湿度太大时，茶树也极易发生霉病、茶饼病等病症。一般茶园1年之中耗水量集中在春、夏两季。年降雨量若超过3000毫米，蒸发量不及降水量的$1/2 \sim 1/3$，就易诱发茶树病。

● 光能：万物必需的能量来源

茶树所需光能，主要包括日照、气温、空气湿度等几个方面。"阳崖阴林"、"阴山坡谷"是两种不同的茶树自然生长条件。"阳崖阴林"是指茶树适宜于向阳的山坡，并且有树木的遮荫。"阴山坡谷"是指茶树不适宜于生长在背阴的山坡和沟谷间，这样的茶树不宜于采摘，其性凝滞，饮用它后，人的腹中易结肿块。

● 地形：茶树生长的"加速器"

陆羽指出茶树生长地形标准为"野者上、园者次"。是指野生茶叶品质好，茶园栽培的品质差，这两点分别从栽培方法以及地形来区别品质。这两点较符合唐代茶叶生产的客观实际。对于现代茶园的地形选择以及环境条件综合影响也是较为有益的。

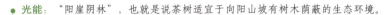

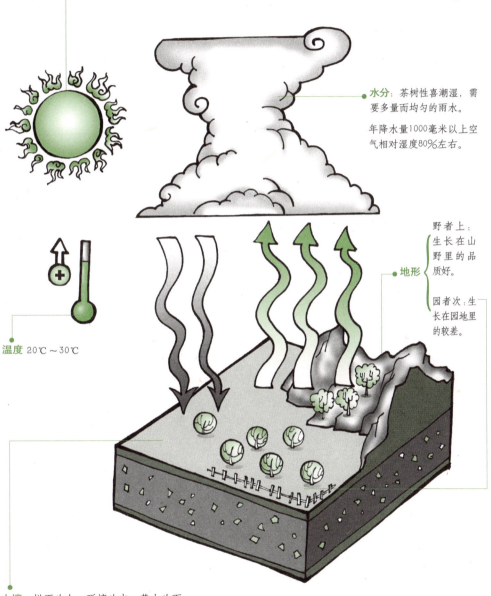

光能："阳崖阴林"，也就是说茶树适宜于向阳山坡有树木荫蔽的生态环境。

水分：茶树性喜潮湿，需要多量而均匀的雨水。年降水量1000毫米以上空气相对湿度80%左右。

温度 20℃～30℃

野者上：生长在山野里的品质好。

地形

园者次：生长在园地里的较差。

起源

土壤、水分、光能、地形

土壤：烂石为上，砾壤为中，黄土为下。

烂石：指风化比较完全的土壤，即所谓生土，适于茶树生长发育。

砾壤：含砂粒多、黏性小的砂质土壤，不太适宜茶树生长。

黄土：质地黏重、结构差的土壤，最不适宜茶树生长。

准备好播种了吗

艺、植

6

《茶经》中的种茶方法可归纳为："艺而不实、植而罕茂、法如种瓜、三岁可采。"

"艺"、"植"指的是茶种繁殖、茶苗移植两种方法。"不实"是指土壤没有松实兼备；"罕茂"是指茶树很少生长得茂盛。在这两种情况下，应按种瓜法去种茶，三年即可采摘。茶树的采摘年限，其时间的控制除茶种条件外，茶园的地理纬度、气候条件，都有着决定性的影响。现在我国低纬度的南部地区，茶树采摘就不需三年了。

现代的茶树种植，除了种子繁殖（即有性繁殖）外，也有应用茶树营养器官形成新的植株，包括扦插、压条、分株（分根）等方法，即茶树的营养繁殖（无性繁殖）。目前各地茶园对于种子繁殖、营养繁殖都加以采用。

● 茶籽直播

茶种播种前，种子要先筛选、水选、催芽，并适时播种，进行浅播或穴播。茶树种子从采收到第二年3月均可播种。春季播种在每年2～3月间进行；秋季播种在每年的10月下旬至11月底进行。目前茶园种植常采用秋播。正常气候条件下，秋播优于春播。

茶树种子比较适宜穴播。每穴适宜播种4至5粒。播种深度应控制在3厘米左右，不宜太深。

● 茶苗移栽

茶苗的移栽要考虑三方面的因素：移栽时期、苗龄、移栽技术。移栽时期应选在茶苗地上部进入生长休眠期时进行。以早春和晚秋作为移栽茶苗的最佳时期。另外，移栽时还需考虑茶园的降雨情况。茶树的苗龄，一般为一年生苗木。移栽时，苗木主根可剪去过长部分，按规定丛距，每穴放入健壮的茶苗2～3株，每株应稍稍分开，让茶树根系自然伸展，然后填土。土至过半时，压紧茶树根系周围的土壤，随后浇水，要浇透整个松土层，再继续填土到根茎处压实。

茶树的种植方法

茶籽直播

秋播 {10月下旬 至11月底

春播 {2月~3月 之间

定播

古人春、秋两季的种茶方法

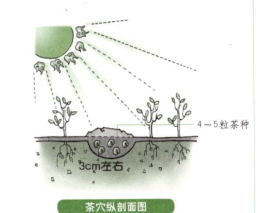

4~5粒茶种

3cm左右

茶穴纵剖面图

茶苗移栽

茶苗移栽中
　　如果苗木主根过长可剪去部分，注意根部要留有土壤，并保护根部不会断裂损伤。

移栽中

移栽后

茶苗移栽后
　　填土，至过半时，压紧根系周围土壤，尔后浇水，浇透整个松土层后，再继续填土至根茎处压实。

移栽前

茶苗移栽前
　　移栽应在茶苗地上部生长进入休眠期进行。一般以晚秋和早春为移栽茶苗的适期。

地下根部

地下根部

　　按规定的丛距，在每穴放入健壮苗2~3株，每株稍稍分开，使根系自然舒展。

无敌鉴别密技

三种鉴别法

7

《茶经》对于茶树采摘的鲜叶或芽叶，提出了按色泽、嫩度、形态鉴别优劣的方法。

● **有关色泽的鉴别："紫者上，绿者次"**

茶树生长在向阳山坡的树阴下，嫩叶以紫色的质量最好，绿色较次。茶树嫩叶颜色因品种、栽培地区土壤、覆荫等条件的不同而差异明显。唐代的"不发酵"饼茶，蒸压后茶叶并不要求绿茶般的色泽，其苦味是适于当时生产需要的。由于"紫者"比"绿者"苦，在唐代有了好、次之分。

茶芽呈现紫色，主要是芽叶受紫外光照强、温度高、呼吸作用加强，有利于芽叶内花青素的形成。仅从自然环境引起的芽叶颜色变化来判断芽叶品质的好坏，今天来看是过于片面的。因此"紫者上"的论点，已不符合现在的生产实际了。

● **有关嫩度的鉴别："笋者上，芽者次"**

茶叶的嫩度鉴别是"笋者"与"芽者"的区别。"笋者"即笋状的芽，其芽叶长、芽头肥壮、重实；"芽者"即短而细瘦的芽叶，这种茶芽制成的成品茶，质量不好。两者之间的界限与取舍在《茶经》其后的茶书中有所涉及。《大观茶论》认为越嫩越好，《梦溪笔谈》认为过嫩不好；要以"长寸余，其细如针，唯芽长为上品"。唐代中期以后，随着制茶方法的改进，对"笋"和"芽"的含义与取舍已完全转移到嫩度上了。

● **有关形态的鉴别："叶卷上，叶舒次"**

茶芽的形态特征是"卷"和"舒"的不同反映。"叶卷"，是茶树新梢上背卷的幼嫩芽叶。这种嫩芽，持嫩性强，嫩度好，是上乘的茶叶原料。背卷而弯的嫩叶，是许多茶叶良品的成茶形态之一。如生产普洱茶的云南双江勐库种，生产祁门红茶的杨树林种等都带有这种特征。

"叶舒"，是指茶树新梢上的幼嫩芽叶，初展即摊开，这种嫩芽，持嫩性差，嫩度差，易硬化，叶质硬而脆，质量较差。

另外，高产型茶树的嫩叶叶片以上斜状（叶卷）的品种（即着叶角度小）为较理想的特征；低产型茶树的嫩叶叶片是水平状的（叶舒）其品质较差。

茶树的鉴别方法

三种鉴别法

色泽鉴别
"紫者上，
绿者次"

茶树生长在向阳山坡的树荫下，嫩叶以紫色的质量最好，绿色较次。茶树嫩叶颜色因品种、栽培地区土壤、覆荫等条件的不同而差异明显。

（注：这是唐代饼茶的色泽鉴别方法。所以，"紫者上"的论点，现在已不符合生产实际了。）

嫩度鉴别
"笋者上，
芽者次"

"笋者"是笋状的芽（芽叶长、芽头肥壮、重实）。

"芽者"是细弱短瘦的芽叶。陆羽认为前者比后者要好得多。

形态鉴别
"叶卷上，
叶舒次"

"叶卷"是茶树新梢上背卷的幼嫩芽叶。这种嫩芽，持嫩性强，嫩度好，是上乘的茶叶原料。

"叶舒"是指茶树新梢上的幼嫩芽叶，初展即摊开，这种嫩芽，持嫩性差，嫩度差，易硬化，叶质硬而脆，质量较差。

"阴山坡谷者，不堪采摘"是指茶树生长在背阴的山坡谷地，茶园的气温低、日照时间短，延缓了茶芽的萌发时间。这种茶芽叶片小而薄，成茶品质较差。

符合人体脏腑的需要

药用成分

茶除了具有解乏、消渴的作用外，还含有许多宜于人体的药用价值。这些药用效能不仅可以增强体质，还可以防治各种疾病。

● 生物碱

茶叶中的生物碱，主要有茶叶碱、咖啡碱（茶素）、可可碱、腺嘌呤等，咖啡碱的含量最多，其他成分含量都低。咖啡碱对于人体中枢神经系统（大脑、脑干、脊髓）等部位有着显著的兴奋作用。咖啡碱是苏醒药物，对于衰竭的呼吸中枢、血管运动中枢可以起到兴奋作用。它也是抗抑郁药物。

咖啡碱对于人体的大脑皮层有着兴奋作用。可以消除疾劳、困意、振奋精神。

茶叶碱可以用于治疗心力衰竭；可以作止喘药物，解除支气管痉挛；还具有显著利尿作用。

● 茶单宁（酚类衍生物）

单宁是茶叶中酚类衍生物种类的统称。茶单宁对病原菌的发育、生长有抑制作用，对于慢性肝炎、痢疾、霍乱、伤寒、肾脏炎等疾病有一定疗效。茶单宁对于烧伤有治疗效果；单宁与蛋白质相结合，可以起到单宁蛋白作用，能缓解人体的肠胃紧张，镇静肠胃蠕动，起到止泻、消炎的作用。

● 芳香物质

芳香物质是镇静祛痰药物，可增加人体支气管的分泌，是很好的祛痰剂。

芳香物质中的酚，有镇痛效果，对于人体的中枢神经先兴奋后抑制；其具有的沉淀蛋白质的效能，可杀灭病原菌；芳香物质中的甲酚，可作为消毒防腐、刺激祛痰的药物。

茶叶芳香物质的醇类，如乙醇，可以刺激胃液的分泌，增强胃的吸收功能。甲醇、乙醇都具有杀菌作用。芳香物质中的醛类，如甲醛，具有强大的杀菌作用。

● 维生素

茶叶中的维生素A（胡萝卜素），可以防止角化，防止干眼病症，防止夜盲症；茶叶中的维生素D，能抑制动脉粥样硬化；维生素E在大量优质茶中含有，是抗不育维生素；维生素K，是抗出血维生素；维生素C在茶叶中含量较高，对于预防坏血病起着重要作用；此外茶叶中所含的维生素PP、维生素H、叶酸、泛酸等，都具有一定的药用功效。

药用成分及功效

茶单宁（酚类衍生物）
1. 降低毛细血管的渗透性。
2. 含有大量多酚类物质，抵抗动脉硬化。
3. 具有消炎止血作用。
4. 调节甲状腺功能，提高维生素C。
5. 止泻、杀菌的作用。
6. 对放射性线有保护作用（尤其绿茶中含量较多）。

生物碱
1. 提神醒脑，减轻疲劳。
2. 帮助醒酒，戒烟。
3. 利尿，治疗高血压，强心。
4. 利消化。
5. 有效防治心血管病。

芳香物质
酚　　　　杀灭病原菌。
乙醇　　　增强胃的吸收能力。
甲醛　　　杀菌作用。
酸类化合物　溶解角质。

维生素
维生素B1 治疗脚气病。
维生素C 抑制病菌、治疗动脉硬化。
维生素A 提高视力、防止夜盲症、皮肤干裂、泌尿系统疾病等。
维生素E 延缓细胞衰老，延长寿命。

1 **茶单宁（酚类衍生物）**：茶叶中酚类衍生物统称为单宁。对许多病原菌的发育、生长有抑制作用，对痢疾、慢性肝炎、霍乱、肾脏炎、伤寒等疾病有一定的疗效。

2 **生物碱**：主要有咖啡碱（也叫做茶素）、茶叶碱、可可碱、腺嘌呤等。其中咖啡碱含量较多。
咖啡碱对中枢神经系统的大脑、脑干和脊髓等部位有明显的兴奋作用。

3 **芳香物质**：芳香物质可用作祛痰剂。酚，可杀灭病原菌；醇类中如乙醇，可增强胃的吸收机能；甲醇，有杀菌作用。醛类如甲醛，有强大的杀菌作用。

4 **维生素**：富含维生素A，维生素C，维生素PP，维生素H，叶酸，泛酸等。
其中维生素A防止角化，防止干眼病症，还可增强视网膜的感光性，防止夜盲症。
维生素D，能抑制动脉粥样硬化。

防病效能的前提

精行俭德之人

"精行俭德"是饮茶人的精神典范，是防病效能的前提。

陆羽在《茶经》中主张只有注意操行和俭德的人，饮茶才能祛病强身。也就是指"君子"饮茶才能防治疾病。这种说法显然是不当的。古代关于"君子"的标准，孔子曾经论述道："君子有九思：视思明、听思聪、色思温、貌思恭、言思忠、事思敬、疑思问、忿思难、见得思义。""九思"将君子的行为限制在一定的范围之内。虽有些严苛，但对后世的影响是巨大而深远的。从《茶经》的写作年代和陆羽的成长背景来看，他始终是以儒家的思想和士大夫的饮茶习惯来规范茶人行为的。这已经超出了单纯饮茶的范畴，而是上升到了精神层面。

● **"精"是前提**

陆羽在《茶经》中，要求茶事的各个环节都达到"精"的标准，并称"茶有九难"，从种茶、制茶、鉴茶、煮茶器具的用法、火候的掌握、烤茶的讲究、水的煎煮、品饮的程序等都要达到精益求精。他认为只有这样煮出的茶才能"珍鲜馥烈"，才能更好地发挥茶的药用效能。克服了茶的"九难"，茶人品饮茶汤自然是像品饮甘露一样。

● **"俭"是根本**

陆羽十分重视节俭，认为"茶性俭，不宜广"。对于煮茶用具要求用生铁制成，如果用瓷质或石质则不耐用；如果用银制，则过于奢侈，这种崇尚节俭的观念可见一斑。陆羽强调的"俭德"，是以茶的俭朴本性提倡一种高雅朴实的茶学精神。茶不能多饮，也不能过量饮用，茶品及茶具不可过于奢侈，陆羽以节俭为茶人树立标准。这种为人廉洁的思想为后世文人所提倡，并逐渐被社会道德风尚所接纳与吸收。品茶崇俭的美德是茶学思想的精髓，是品茶之人道德标准的根本。

茶人防病效能的前提

我们可以把"精行俭德"看做是日常的行为规范。饮茶的过程中，以这些标准要求自己，自然会达到祛病强身的效果。

精行俭德之人

精：做事认真而精细，对于自身与事物都要求达到精益求精。

行：行为端正，坚守操行，品格高尚，做事坚定守信。

俭：以勤俭作为生活守则，反对铺张浪费。

德：有仁德的人将本人利益置之度外，做事问心无愧，具有君子的真性情。

从茶中汲取精华

水分

药用效能

清心

养分

静

俭

神 清头目

血 调心搏 抑制动脉硬化

气 益气力

经络 兴奋神经中枢 消除疲劳

137

警告！"茶为累，亦犹人参"

选材不当的后果，"六疾不治"

陆羽将茶叶选用的难点与选用人参相比，是为了突出其"南方嘉木"的特征。

人参，这种被称为"神草"的草本植物，是被"神化"了的珍贵药材，数千年来被赋予了过多的人性化成分。古人认为它"根如人形，有神"，认为它是"地之精灵"，是土精、地精。

人参（即亚洲人参）原产于中国东北、朝鲜，后栽培于朝鲜与日本。自古以来中国古人将其根入药，并认为它是治病的万灵药。据李时珍《本草纲目》记载，人参的药用效能有几十种，包括明目、益智、提高记忆和感觉功能、消食、止烦躁、治头痛、止渴、消胸中痰、令人不忘等。这些效能有的同茶的效能完全一样，同时，二者都具有"久服，轻身延年"的特殊作用。

陆羽将人参的产地分了四个等级：

（1）上等，产于上党。

（2）中等，产于百济、新罗。

（3）下等，产于高丽。

（4）等外，产于泽州。

四个等级仅仅是野生人参的区分方法。这种单凭产地区别产品品质高低的方法，对于野生作物是可用的。

野生作物的品质高低决定于生长的自然环境以及品种的优良。这两样没有可变的条件，一般是不变的。

因此，野生作物的产地成为了品质的标志之一。对于人工培育的茶树来说，具有诸多可变因素。例如茶树品种的选择，茶树移植的方法，茶叶的采摘、制造等人为的因素。这些在很大程度上决定着茶叶的成茶品质。陆羽将野生人参的选用方法同茶叶的选用相比拟是一种原始的方法。"茶为累也"，其困难不仅在于产地，还在于诸上各项人为因素。

"茶为累也"并不否定产地同成茶品质的关系。一般来说，产名茶、好茶的地方，大多自然地理环境良好。如祁门红茶，其产地祁门的自然地理条件优越，较适宜祁门茶的繁育生长。鲜叶优良的品质再加上祁门具有特色的制茶技术，使祁门红茶成为了闻名世界的名茶。因此名茶的优良品质与自然条件、人为因素有着密切的关系。

茶与人参的相似

茶与人参的相似功效

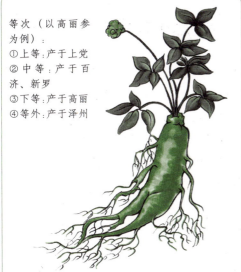

等次（以高丽参为例）：
①上等：产于上党
②中等：产于百济、新罗
③下等：产于高丽
④等外：产于泽州

人参的功效：明目、益智宁神、消食、补元气、止渴、止烦躁、生津益气、消胸中痰、扶正补虚、延年益寿、益智、令人不忘、治头痛。

名词解释

人参

草本植物，小叶卵形，淡黄绿色，伞状花序，结成鲜红色的浆果，有甜香味。人参原产于中国东北、朝鲜。自古以来中国人以其根入药，认为人参是治病的万灵药。

茶的功效：少睡、安神、明目、清头目、止渴生津、清热、消暑、解毒、消食、醒酒、去肥腻、下气、利水、通便、治痢。

相同功效

明目、益智、消食、止渴、止烦躁、治头痛、消胸中痰、令人不忘

饮茶禁忌

①忌空腹饮茶，茶入肺腑会冷脾胃。 ②忌饮烫茶，最好56℃以下。③忌饮冷茶，冷茶寒滞、聚痰。④忌冲泡过久，防止氧化、受细菌污染。 ⑤忌冲泡次数多，茶中有害微量元素会在最后泡出。⑥忌饭前饮，茶水会冲淡胃酸。 ⑦忌饭后马上饮茶，茶中的鞣酸会影响消化。⑧忌用茶水服药，茶中鞣酸会影响药效。 ⑨忌饮隔夜茶，茶水时间久会变质。 ⑩忌酒后饮茶，酒后饮茶伤肾。 ⑪忌饮浓茶，咖啡因使人上瘾中毒。 ⑫不宜饮用的茶叶有：焦味茶、霉变茶、串味茶。

选材不当的后果「六疾不治」

139

第 3 章

工欲善其事，必先利其器
具、造

《茶经》罗列出了唐代饼茶生产所用的工具。经过1200多年的历史，这些生产工具显然已经落后，但我们可以从中看出工具与成茶品质的关系。饼茶的采制与品质鉴别是"奥质奇离（深奥质朴）"的。陆羽用大量的形象化词汇描绘出了饼茶的八个等级，其对于饼茶的鉴别是颇有一番研究的。

本章内容提要

采摘标准
饼茶制造的七道工序
茶叶采摘程序
饼茶的八个等级
饼茶品质好坏的鉴别
制茶工艺的发展

采摘双翼

凌露、颖拔

"凌露、颖拔"是唐代采摘茶叶的时辰、标准的简称，陆羽将之形象化地用晨间第一道露水，和挺拔、颖长来表现。但这两种标准只适用于唐代饼茶的采摘方法，当代已经不再适合了。

● 何为"凌露、颖拔"

凌露：趁着或迎着露水的意思。指迎着凌晨的时光采摘茶叶。

颖拔：颖，意为智力高的。颖拔，是指茶树生长得秀长挺拔。

这些拟人化的采摘标准，大体上是指：生长在沃土中的茶树，当芽叶长到四五寸，叶片变得粗壮时，要在有露水的清晨采摘；生长在草丛中的茶树，芽叶有三、四、五枝新梢，可选择长势较挺拔的叶片采摘。

● 陆羽的采摘方法论

第一，以新梢长度、生长势头作为采摘适度的标准。当土壤肥沃的茶园里的茶树生长旺盛时，可将新梢长到四五寸的茶芽采摘下来。这时新梢已经成熟，虽然如纤维素等对茶叶品质不利的成分有所增加，对其有利的成分如咖啡碱、儿茶素等有所减少，但唐代饼茶需要用杵臼将茶叶捣烂，煎煮后才能饮用。复杂的煎煮程序仍可以将茶叶片及茶梗所含的有利成分煎煮出来。这种采摘标准是十分符合当时的饼茶制造要求的。

对于生长在土壤贫瘠、满布草丛的茶树来说，由于先天环境不足，茶叶枝梢的发芽有先后，枝梢有强有弱。其主枝与顶芽首先发芽，选择其中长势强壮的芽梢采摘。符合标准的先采，未符合的后采。这样可以提高茶树的产量与质量，对于茶树的生长也是十分有利的。

第二，采摘时间与天气情况和茶叶品质的关系。陆羽从制茶原料的要求和唐代饼茶生产条件两方面提出：下雨天、晴天有云不采摘茶叶。天气晴朗并有露水的早晨才采摘茶叶。"晴有云不采"，现在已经超过了实际可能，没有任何参考价值了。"凌露采焉"的露水叶，现在被认为其质量并不好。陆羽之所以将这两条单列出来加以提示，是基于唐代饼茶蒸青、杀青对鲜叶附着水分控制这一方面来说的。

采摘标准——第一道露水的颖拔枝叶

凌露　　　颖拔

生长环境

生长在肥沃土壤中的茶树

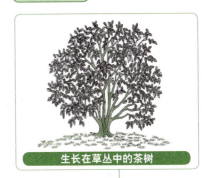
生长在草丛中的茶树

当芽叶粗壮，长到四五寸时可采摘

当芽叶有三四五枝时可采摘

采摘时机

迎着露水的早晨

现今这种露水茶叶其质量已被认定为不好。

芽叶生长得秀长挺拔

陆羽提倡的采摘方法

为什么"下雨天"、"晴天有云"不能采摘茶叶？

采茶需严格掌握采摘时期。特别是雨量多，气温高的时节，茶芽很容易长大变老，所以必须及时采摘。

不适宜采摘的气候

✕
下雨天不采摘茶叶

○　　✕
晴天有云不采摘茶叶

这一要求已经超过了当今茶叶采摘的实际可能。

从采摘到制造茶叶的工序

七经目

"七经目"是陆羽归纳唐代饼茶制造的七道工序。概括起来说就是采摘、蒸茶、捣茶、拍茶、焙茶、穿茶、封茶。

唐代饼茶制造的七道工序可以理解为茶叶制造过程中经过人眼辨识、检验、加工、评判等的七道程序。可归纳为：采摘、蒸茶、（解块）、捣茶、（装模）、拍茶、（出模）、（列茶）、（穿孔）、烘焙、穿茶、封茶。

采摘：按照"凌露"、"颖拔"的标准，将适宜的茶芽进行人工采摘。采摘工具：籝。

蒸茶：将采摘下的茶叶放入密封的锅中进行高温蒸青。蒸茶工具：灶、釜、甑、箪、穀木叉。

捣茶：用杵将蒸青后的茶叶放进臼中进行舂、砸，使茶叶片碎烂。捣茶工具：杵、臼（碓）。

拍茶：将捣后的茶叶进行装模和紧压使其成型。拍茶工具：规、承、襜、芘莉。

焙茶：将定型后的茶饼进行人工干燥。焙茶工具：棨、朴、焙、贯、棚、育。

穿茶：将穿好的饼茶进行计数。穿茶工具：穿。

封茶：将穿好的饼茶进行复焙与封藏。封茶工具：育。

"七经目"中，采摘是非常重要的一道工序，它直接关乎饼茶成品的质量。在七道基本工序之间尚有其他工序穿插其中，它们是茶饼制造过程中非常必要的环节，在各个工序之间起着连接与辅助的作用：

解块：蒸茶之后捣茶之前，需要用叉将蒸过的芽叶进行翻动、散热。目的是防止叶色变黄，使茶汤变得浑浊、香气沉闷。

装模：拍茶之前将蒸完捣好的茶叶装进规内。

出模：饼茶拍压之后被压紧出一定的形状将其取出。

列茶：将出模的茶饼排列在芘莉上进行自然干燥。

穿孔：用棨茶穿出孔洞，便于用朴进行串联。

另外，在穿孔与烘焙之间，还有"解茶"（使茶饼分开，便于运送）和"贯茶"（用贯把饼茶串起来）两道工序。

饼茶制造的七道工序

采茶　蒸茶　解块　捣茶　装模　拍压　出模　列茶　穿孔　烘焙　成穿　封茶

具、造

七经目

采摘茶芽

农历二、三、四月间
"凌露"采、"颖拔"采、
及时采、分批采、采养结合。

使茶素成型

蒸具需密闭，注意提高蒸
气温度，防止酶性氧化。

用杵捣茶

使茶叶碎烂，便于装模。

压茶成型

装模，紧压成型。
茶坯放在模里拍，饼茶压得不实。

人工干燥

饼茶定型后的人工干燥。
在"棚"上烘焙，至干燥适宜为止。

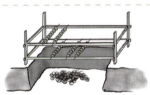

计数工具

即"贯串"，像绳索一类
的工具，串茶计数。

贮藏

饼茶的包装与储藏。

145

七经目之一

"采"

3

《茶经》中的采制工具，是相对于唐代饼茶制作的需要而产生的。其手工采茶用具是一只盛满鲜叶的竹制的籝，也就是竹篮。

唐代时期的采制工具是籝。唐代之前，籝仅仅是一种竹器，容量大概有四升，并不专用于采茶。《茶经》中陆羽将其放在茶叶制造工具的首位，并将其专用于采茶。

别名：篮、笼。

溯源：音盈。《汉书》记载"黄金满籝，不如一经"。

容量：五升或一斗、二斗、三斗不等。

使用方法：肩背采茶。

我国大部分地区都产竹子。竹子制成的篮，取材方便、价廉、取用不尽。做成竹篮，通风透气，避免了茶鲜叶的温度升高，发热变质。而且竹的质量较轻，无论手提肩背，或系在腰间，茶农采茶时非常省力。诸多好处使竹篮上千年来一直是我国最普遍的采茶用具。

陆羽在《茶经》中说："籝……茶人负以采茶也。"将竹篮特指为背着采茶。但颇晚于陆羽的唐代诗人皮日休，在他的《茶人》诗中却说："腰间佩轻篓"。由此可见在唐代有两种携带方法：一是陆羽说的"负"；二种是皮日休说的"系"。两种方式采用哪一种决定于茶树丛的高度与密度，与采摘习惯也有关系。饼茶的原料多是采自茶芽的嫩梢，籝的体积应使鲜叶不受紧压和运输方便而定。必须保证鲜叶的质量。

现今鲜叶的采摘已经从手工采摘过渡到机械采摘。采茶工具将来也要由采茶机来代替人工。人工采摘的优点是可以保证采摘茶叶的标准，缺点是费工费时太多。茶叶采摘有一定的时间限制，必须在初发芽时采下，过后采其茶叶品质就会大打折扣。大面积的茶园如果只用人工采摘既慢又影响了采摘时机，所以提倡人工与机械相结合的采摘。

茶叶采摘程序

采摘工具——篓

篮、笼、篓用竹编制，容量五升通风透气，避免鲜叶叶温升高变质。茶人采茶时手提背负，或系在腰间，便于采摘。

特别提示

茶叶采摘季节

1.茶叶的生产季节，（自开采时到封园止）。

2.根据新梢萌发程序采摘。

陆羽所论已不适应当今情况了。"凡采在二月、三月、四月之间"。

采摘时期

春茶：清明到立夏
夏茶：小满到夏至
秋茶：大暑到寒露

肩背竹篓

腰系竹篓

采茶技法

掐采（折采）：细嫩茶叶的标准采摘包括托顶、撩头等。

提手采：标准采摘手法，绝大部分绿茶、红茶区均适用。

双手采：可以提高采茶效率，比单手提高50～100%。茶树需有理想的树冠，采摘面整平。

注意事项：

1.采摘时不可一手捋，要使芽叶完整，放入竹篮中不可紧压。　2.鲜叶要放在阴凉处，及时收青。　3.鲜叶堆放时不可重压。

割采　边茶原料粗大，多使用工具（小铁刮刀、镰刀、采摘铗）采割。采割要迅速，避免枝条裂开影响下一轮新梢发芽。

当代用专用的采茶机进行采制，基本可以满足中、低级条茶的要求，效率比手工采高10倍以上。

具、造

「采」

147

七经目之二

"蒸"

4

蒸茶工具共有五种，即灶、釜、甑、箄、叉。材料分别以土、铁、木、瓦、竹制成。

陆羽描述的唐代蒸青工具非常简朴，这与他提倡节俭不无关系。另外，他也非常注重实用性：

灶：土制的，没有烟突的火灶。

釜：带有唇口的铁锅。

甑：木或瓦制，圆筒形、箍腰并涂泥的蒸笼。

箄：竹篾制成篮子状的蒸隔。

叉：有三个枝桠的榖木叉。

我们先来看一下"灶"。陆羽强调的灶是"无突"的，并且是临时性的。土灶进柴口要大，燃料选用松柴。假设灶有烟突，通风必然充分，松柴火焰上升，热量很快消失。灶内温度开始降低，并不利于煮水、煮茶。陆羽强调锅用唇口的，便于水干时加注水。在锅与蒸笼的连接处用泥封住，用来防止漏气移动。如果锅没有唇口，就得将蒸笼打开，从顶部加水，蒸气随之会大量散失。蒸隔用篮子状不选用平板式，是为了便于取出茶叶。木叉将蒸过的芽叶进行翻动、散热，用来防止叶色变黄、叶汤流失。陆羽的这些设计既巧妙又实用，非常符合饼茶的生产实际。

采用蒸青法制茶，最主要的要注意"高温短时"，即迅速提高蒸气温度，抑止茶叶的酶性氧化。为了将温度升高，只能用提高蒸气气压的方法来解决。蒸具必然要很好地密闭起来。

蒸过的茶芽，含有诸多水分，叶温很高。叶汁与茶芽粘在一起，必须用叉翻动，用以解茶块、散热。因此部分水分会随着汽化。水分减少了，茶叶中的汁液就不会流失。摊凉散热的主要作用是防止叶色黄变、茶汤浑浊和香气沉闷。摊凉关乎成茶的品质，是非常关键的一道工序。

蒸茶的几个步骤

蒸青时，尽可能把蒸具密闭起来，注意"高温短时"。迅速提高蒸气的温度，抑止酶性氧化。

将蒸青的茶叶从锅中拿出来。

掌握蒸茶的几个要素

不熟的表现：色青，有草木"桃仁"气

过熟的表现：色黄、表面皱缩大、味淡

适宜：味甘、气味香

蒸过的芽叶，必须用叉翻动，以解块散热。主要作用是防止叶色黄变、茶汤浑浊和香气低闷。

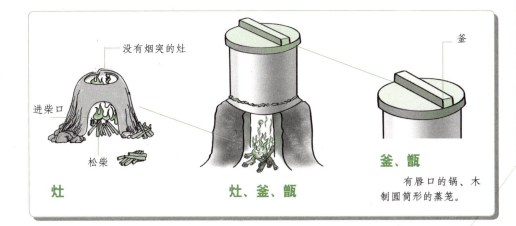

没有烟突的灶

进柴口

松柴

灶

灶、釜、甑

釜

釜、甑

有唇口的锅、木制圆筒形的蒸笼。

具、造

『蒸』

149

七经目之三

"捣"

5

茶叶在蒸青之后要进行捣茶，即用杵、臼将蒸过的茶叶砸碎。

唐代饼茶是一种压制茶，选用原料比较粗放。蒸青后，还有部分茶芽（如梗子）未能蒸透，茶的汁液也未蒸出。所以需要用杵将其捣烂，使茶叶充分流汁。

杵：用来捣茶的木棒。

臼：石头或木头制成，中间下凹的碎茶器具。

碓：木、石制成的，用于捣烂茶叶的脚踏驱动的倾斜的锤子，落下时砸在石臼中。

捣茶用的杵、臼来源于民间用以脱粟的木杵和石臼。杵、臼的出现由来已久，据说是远古的黄帝发明的。他"断木为杵，掘地为臼"，教人们用杵臼来脱谷皮。杵、臼是人们必备的农家器具，因此陆羽很自然地说"唯恒用者佳"（常用的为好）。

杵与臼的使用分为单人与双人。首先将蒸青过的茶倒入干净的石制或木制臼中。茶叶量最好不要超过1/2，以免茶叶捣烂不均匀。当单人捣时，要将木杵抓牢，尽可能地用力砸下，掌握捣茶的节奏与用力的均匀。砸过一段时间后，要用干净的器皿翻动一下臼中茶叶，使受力面均匀。

当双人捣时，两人的捣茶节奏要保持一致，双方的手分别抓牢杵的上部。砸杵的力量要一致，提杵的时间要同步。双人捣比单人捣省时省力，一般均采用此方法。

碓的使用只能是单人。方法如同现在农家的舂米。其步骤是：踩下脚踏使木锤抬高，脚松开，木锤落下砸向臼中的茶团。碓的力量来自于木锤向下的自由落体，力量的大小取决于碓的重量大小，仅仅依靠人的脚力来驱动。所以相对于杵来说，碓会省力许多。但它的缺点是不够灵活，只能在固定的地点进行捣茶。

杵臼在唐代之后有了较大发展。如宋代就有专用的捣茶工具——茶臼。除了有"捣"的作用外，还有"榨"、"研"、"磨"的作用，操作动作比唐代有了很大变化。

使茶叶碎烂的工具

第一种工具

杵就是民间用以脱粟的木杵。

双人捣

　　双方用力要均匀一致，动作保持协调统一，提杵时间要同步，要适时翻动茶团。

第二种工具

脚踏驱动倾斜的锤子，落下时砸在石臼中，用来捣烂茶叶与梗子。

碓

　　碓茶就如同舂米。踩下脚踏使木锤抬高，松开木锤落下砸向茶团。连续进行多次，直至将茶团碎烂成糊状为止。

杵臼的渊源

断木为杵

凿地为臼

特别提示

　　传说黄帝发明了杵臼，他"断木为杵"、"掘地为臼"教人民用杵脱掉谷物的外皮，以利民生。

杵

　　一头粗一头细的圆木棒，远古使用的捣谷工具。

臼

　　舂米或捣物用的器具，多用石头制成，样子上跟盆相似。

具、造

『捣』

七经目之四

"拍"

茶捣完之后要"拍"，即将捣过的茶团装入模子里进行紧实拍压使其成型。

"拍"的使用工具陆羽描述得较详细。除了描述材质、使用方法外，他还主张用旧雨衣、单衫来做铺在规下的清洁用具，这是他注重节俭的又一力证。

规：又叫模、棬，用铁制成方形、圆形、花形的模具。用来放在襜上制造茶饼。

承：又叫台、砧，用石块或槐木、桑木制成。用来放置模具，要保障其不易摇动。

襜，襜又叫衣，用油绢或旧雨衣、单衫制成。襜放在承上，规放在襜上压制茶饼。

芘莉，又叫籝子、蒡莨。2.5尺的竹竿作躯干，5寸作柄。竹竿之间用竹篾织成方眼，用来放置饼茶，使其自然干燥。

拍茶时，首先将襜平摊在承上。襜要选用干净、无异味的不透水（如油绢或胶质）材质。平摊时要覆盖住整个承子，表面要平整、不易滑动。将规（即模子）放在襜上，取出捣好的茶团，用茶填满不同形状的模子，尽量填得满而充实，并与模子的厚度平齐。

这时的拍击不能与"榨"、"压"相比。模子里的茶坯不会压得很实。"三之造"中提到"蒸压则平正，纵之则坳垤"。陆羽在这里告诉我们拍就是压，但不是用手拍实，而是用手压实。其实压的力量不大，因为茶饼表面都是不平整的，所以，"拍之"的拍，应是拍压之义。

用规紧压出的茶饼有圆形、方形、花形等不同形状，可见唐代在茶饼的制作中还十分看重饼茶的美观。我们现在依然可以看到这种紧压茶的样子，如普洱方砖、七子饼茶、圆筒茶等。

茶坯在规中紧压一段时间后，将其取出。这时茶饼已经有了形状，只是表面还是湿的，要将它放在芘莉上进行自然干燥，这一步称为"列茶"，即将茶饼一一排列在芘莉上。由于芘莉是有方眼的网，所以放置芘莉时下部要留有空隙。以防茶饼单面摊晾。

饼茶制作“拍”的工具及程序

1 饼茶紧压成模的工具 ----- **2** 规、承

规

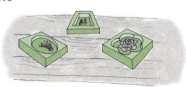

制茶的模子各式各样，唐代很讲究成品茶的美观问题。

承

承子用来放置模子，在上面进行茶叶加工成型。

3 铺在承子上的油绢 ----- **4** 檐衣

檐衣

用油绢或雨衫铺在承子上制茶，应该是取其耐用，且茶中精华不易流失。

“檐衣”，也称为衣，用油绢，或者雨衫，或用旧了的单衣加工制成。把檐衣放在承子上面，然后再把模子放在檐衣之上，用来制造茶饼。

5 排列茶饼的竹编工具 ----- **6** 芘莉

芘莉

芘莉，或称籝子，用细竹篾编成，具有孔洞，用来陈列茶饼，自然干燥。

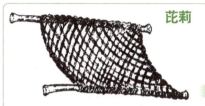

印好了的茶饼，就排列在有孔洞（方眼）的芘莉、籝子等竹编工具上。

具、造

『拍』

153

七经目之五

"焙"

7

饼茶在摊晾定型后还要进行人工干燥，即烘焙。其后要穿孔，用竹条串起来，便于解、栓与搬运。

"烘焙"其实就是将饼茶的水分完全蒸发的一道干燥程序。除了用来烘焙的土窑、架子外，焙茶的工具还包括对成品茶进行穿孔的锥刀、串联饼茶的竹条。

焙：焙茶用的土窑。深2尺、宽2.5尺、长1丈。上面垒一矮墙并涂上泥。

贯：用竹制串茶烘焙的工具。长2.5寸。

棚：又叫栈，高1尺，是在焙上做的两层木架，用来焙茶。茶半干时放在下层烘焙，全干时移至上层。

棨：又叫锥刀，用于饼茶穿孔。

朴：又叫鞭，用竹制成，用来穿饼茶，使其解开便于搬运。

饼茶进行自然摊晾后，含水量依然很高。饼茶是用鲜叶蒸压的，水分比现在的蒸压茶高得多。唐代的饼茶与现在的紧压茶的不同之处在于，要用"棨"对茶饼进行穿孔。并用"朴"串起来，以便解开、搬运。

棨的用法是在饼茶中心打穿一个孔眼。注意不要用力过猛，以防穿坏茶饼使外表不美观。孔的大小以能放入朴的大小为宜。朴由软性的小竹制成，作用是防止饼茶黏结，便于运送，也为了保持茶饼的外形美观。

将茶饼串在"朴"上后，要搬运至"焙"前，解开后另串在"贯"上，并放置在"焙"上部的"棚"上进行烘焙。搁在棚上的串要分层烘焙。当饼茶半干时要将贯降至下棚；全干时升到上棚直至完全干燥。烘茶温度要先高后低，经自然干燥后的饼茶，最开始烘焙时，要搁在棚的下层，烘到干了，就移到上层。

茶叶干燥程度以含水量来测算。陆羽用"全干，升上棚"来说明饼茶的干燥程度。"全干"并不是百分之百的脱水干燥，仍然含有一定的水分。"全干"应该是指人在感官上（视觉、触觉、味觉）觉得茶饼完全干燥了。虽然"全干"因茶类的不同，其标准也无法统一，却是有利于成品茶质量的。

饼茶干燥工具

棨（用来穿茶的锥刀）

有赤黑色丝衣的戟。在本文来讲，应该是指形状如戟，用以穿茶的锥刀。

朴（清理茶饼孔穴的竹条）

朴子以竹子做成，可以穿通清理茶饼的孔穴。

焙（烘茶用的土窑）

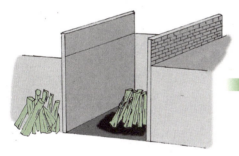

凿地为焙窟，是用来烘焙茶饼的设备。

贯（串联饼茶用的竹条）

贯用来贯茶饼，即把饼茶一个个贯串起来烘焙。

棚（搁饼茶用木架）

棚子用木条做成，架在焙窟的上面。

育（饼茶封藏、复烘的工具）

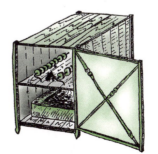

育是以木条做框，竹子编成，并糊之以纸。用以收藏养育茶饼。

七经目之六

"穿"、"封"

饼茶制造最后的两道工序是"穿"和"封",也就是计数、封藏。

陆羽对于"穿"字进行了详细描述,并很形象地将成茶的复烘工具命名为"育",即保护、养育的意思。

穿:用竹或榖树皮制成的绳索,串茶计数的工具。

育:成品茶的复烘工具,用木制成的框架,编上竹篾,糊上纸的双层箱子。

"穿"是计数的量词,为此陆羽还专门说明,穿也称贯串,写在文章里是平声,但读起来是去声。"穿"与"串"没有本质的区别,古代用串作饼茶的计数单位是很常见的,只是串字用得很广,而穿字很少用而已。

穿是绳索一类的计数工具,必须要有坚固耐用的韧性才行。唐代时期各地均可就地取材,因此陆羽说江东、淮南用竹子编成,而峡中则用榖树皮搓成。其他地区也可用其他材料做成。

计算饼茶的穿,其重量在唐代的不同地区相差悬殊。江东的范围是从四五两到一斤,而峡中的范围是从50斤到120斤。两地如此大的差别,一种可能是"斤"为"片"的误写。120小片的饼茶也相当于1斤;二是江东是零售的,峡中是批发的;三是江东的茶叶嫩小,峡中的茶叶粗大;四是江东是短距离运输,峡中是长途运输。

"育"的设计像一只烤箱。是成品茶的复烘、封藏工具。它内分两层,下层放火盆,上层放饼茶。用没有火焰的弱火烘焙茶。是一种低温长烘用以防止茶叶受潮的方法。从唐代开始,对于成品茶的防潮防霉就已经很重视了。

宋代对茶的贮藏,特别是对贡茶的贮藏和包装十分重视。有的用箬叶封裹,每隔两三天就放在焙中用低温烘茶;有的以旧的竹器、漆器储藏。茶叶有着很强的吸附性,在储藏、运输过程中极易受潮沾染异味,所以对于茶叶的防潮防霉要十分重视。

饼茶计数封藏的工具及程序

饼茶的封藏

穿，用竹或穀树皮制成的绳索，串茶计数工具。

在茶的储藏过程中，可能吸收空气中的湿气，而使茶饼产生变化。

江南梅雨季节时，显然气候极度潮湿，不是用埋藏炭火，熅熅然的热炭，慢慢地藏养可以解决的，所以焚火加热，加强消除水分的效果。

穿的各地标准

穿，是一种计数工具，用来计算串在竹篾上的饼茶的个数。（与串数没有区别，读起来用去声。）

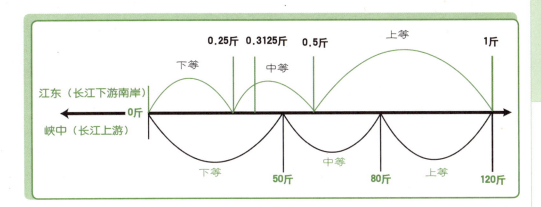

后代学者认为"斤"为"片"的误写。唐代的饼茶如果是小片，那么120片的茶，差不多是一斤。

峡中地区"穿"的标准未免重得太不合理了。

唐代的饼茶审评
八个等级

《茶经》所说的饼茶审评方法，就是现在所说的干看，即以视觉鉴别外形。

饼茶的形状不分里外，应该以其外形的匀整、松紧、嫩度、色泽、净度来评判优劣。匀整是看饼形是否完整，纹络是否清晰，表面是否起壳或脱落。松紧看饼茶厚薄是否一致。嫩度看饼茶梗叶的老嫩。色泽看饼茶颜色是否油润。净度看饼茶的叶片、梗、末含量以及是否有杂质。陆羽评判饼茶的外形，只评比其匀整和色泽。并将饼茶等级分为八等，其外表形态为：

肥、嫩、色润的优质饼茶：

胡靴——饼面带有皱缩（细）褶纹；

牛臆——饼面带有齐整（粗）褶纹；

浮云出山——饼面带有卷曲皱纹；

轻飚拂水——饼面带有微波形皱纹；

澄泥——饼茶表面平滑；

雨沟——饼茶表面光滑，但有沟痕。

瘦而老的茶：

竹箨——饼面呈笋壳状（起壳或脱落，并含老梗）

霜荷——饼面呈凋萎荷叶状，色泽干枯。

以上主要是审评茶饼的形态和色泽。通过它们鉴别茶叶原料的嫩度、蒸茶温度、捣烂程度、拍茶力度、汁叶的流失情况等。陆羽是通过外形来判断茶叶制造技术与内质的相互联系。总体来说八个等级是以嫩为好、以老为差；以叶汁流失少为好、流失多为差；以蒸压适度为好、蒸压过度或不足为差。陆羽要求饼茶的饼面不要平正光滑，要有一定的皱纹。并且纹理要细、浅，粗且深的则较差。饼面起壳、脱落、色枯并有老梗的茶是最差的。

陆羽知道不能单凭外形就判断饼茶的优劣，因此他把评茶技术分为三等：

最差——将饼茶表面的光黑、平整评为好茶的技术。

较次——将饼茶表面的色黄、皱纹、高低不平评为好茶的技术。

最好——指出上面两种情况的优点与缺点，并评出好的与不好的饼茶。

饼茶八个等级的形象化比喻

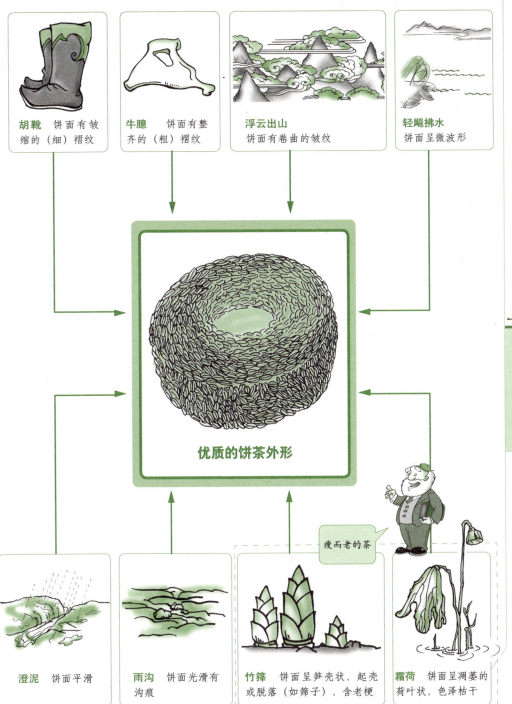

胡靴 饼面有皱缩的（细）褶纹

牛臆 饼面有整齐的（粗）褶纹

浮云出山 饼面有卷曲的皱纹

轻飚拂水 饼面呈微波形

优质的饼茶外形

瘦而老的茶

澄泥 饼面平滑

雨沟 饼面光滑有沟痕

竹箨 饼面呈笋壳状，起壳或脱落（如筛子），含老梗

霜荷 饼面呈凋萎的荷叶状，色泽枯干

鉴别之上

言嘉及言不嘉

10

《茶经》说"嚼味嗅香，非别也"。"别"即鉴别，对于饼茶好与不好的标准陆羽作了归纳。

● 饮茶的品质规格和要求

茶叶原料：长至四五寸的新梢。

外形：圆形、方形、花形的饼状压制茶。

制造工艺：蒸气杀青、捣茶、人力压模、烘焙干燥、计数、封藏。

品质："啜苦咽甘"（进口苦、回味甜）；"珍鲜馥烈"（香味鲜爽、浓强）；茶汤有白而厚的沫、饽、花（泡沫）。

饮用方法：碾碎，并在沸水中加盐、煎煮。

● "言嘉"（好）与"言不嘉"（不好）的评茶技术

（1）**光泽**：出膏的表现。饼茶的外形光滑、出膏，这是好的；茶汁压出，滋味淡了，这是不好的。

（2）**皱纹**：含膏的表现。外形褶皱，看起来不好，但茶汁流失少，茶味浓了，这是好的。

（3）**颜色**：制作时间的表现。黑色是隔夜制作，黄色是当日制作，当天比隔夜制作好。黄色比黑色好。但黑色汁多，黄色汁少，黄色的汤品又比黑色的差。

（4）**平正**：蒸压紧实的表现。饼面凹凸，蒸压粗松；饼面平正比凹凸好看，但蒸压得实，茶汁流失多，凹凸不平反而比平正的好。

● 现代评茶技术

茶叶的色、香、味由上百种化学成分组成。即使应用现代的科学仪器测定茶叶成分，其品质的优劣也不能以它的化学成分含量多少来评判。现代的茶学工作者已经可以运用物理、化学方法来评判茶叶了。

物理检定：根据干茶外形与茶品的相关性，对一定容量内茶叶重量，或一定重量的茶叶所占容积大小加以测定，并计算容量或比容。

化学检定：应用各种仪器，如紫外线分光光度计、气（液）相色谱仪、质谱仪等，测定茶汤中的有效质含量和芳香物质的香型，并通过电脑进行统计分析。

饼茶品质好坏的鉴别

饼茶外表

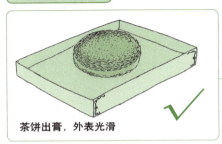

茶饼出膏，外表光滑 ✓

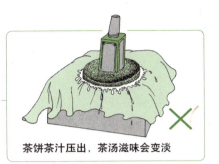

茶饼茶汁压出，茶汤滋味会变淡 ✗

含膏的表现

外形褶皱，滋味浓 ✓

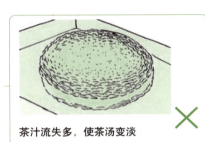

茶汁流失多，使茶汤变淡 ✗

饼茶颜色差别

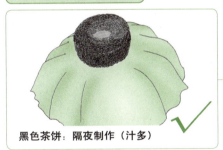

黑色茶饼：隔夜制作（汁多）✓

黄色茶饼：当日制作（汁少）✗

蒸压程度

饼面凹凸、粗松 ✓

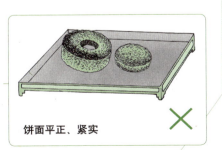

饼面平正、紧实 ✗

具、造

言嘉及言不嘉

161

经历各代的转变

制茶工艺的发展

11

中国有着上千年的产茶历史，诸多茶类的产生、发展和演变经历了漫长的历史时期。

● 生煮、羹煎、晒干收藏

人类最早利用茶叶是从咀嚼茶树的鲜叶开始的。从原始的食用方法发展到生煮羹饮。生煮类似于现在的煮菜汤。云南基诺族至今仍保留着吃"凉拌茶"的习惯。将鲜叶捣碎放入碗中，加少许果叶、辣椒和盐等佐料，加入泉水搅拌。历史上有关于茶作为羹饮的记载，《晋书》曰"吴人采茶煮之，曰茗粥"。这是茶作为羹饮的较早记录。甚至到了唐代，仍有吃茗粥的习惯。

三国时的魏国已出现了对茶叶的简单加工。将采摘的鲜叶做成饼，晒干或烘干，这是制茶工艺的萌芽。

● 蒸青、造型到龙凤团饼

饼茶在初步加工时仍然保留有青草味。经茶农的反复实践，人们发明了蒸青法制茶。将茶的嫩叶蒸后捣碎、对饼茶进行穿孔、贯串烘干，从而去除青草气。茶味仍苦涩，茶人于是又通过洗净鲜叶，蒸青压榨，去汁制饼，使茶的苦涩味大大降低。

唐代蒸青饮茶工艺已经完善。陆羽《茶经》记述的完整的饼茶制作程序为：蒸茶、解块、捣茶、装模、拍压、列茶、晾干、穿孔、烘焙、成穿、封茶。

宋代制茶技术发展飞速，新品不断涌现。北宋年间，龙凤团茶开始盛行。龙凤团茶有六道制造工序：蒸茶、榨茶、研茶、造茶、过黄、烘茶。

● 团饼茶到散叶茶

为了改善蒸青团茶生产中的苦味难除、香味不正的缺点，制造中逐步采用蒸后不揉不压，直接烘干的做法。即将蒸青团茶改造为散茶，并保持茶香。同时出现了对散茶的鉴赏和品质要求。宋代至元代，饼茶、龙凤团茶和散茶同时存在于世。发展到明代，由于明太祖朱元璋下诏废除龙凤团茶大兴散茶，使得蒸青散茶其后大为盛行。

● 蒸青到炒青

茶叶香味在蒸青散茶中得到了极大的保留。由于蒸青茶叶依然存在香味不浓的缺点，于是发明了利用干热发挥茶叶香气的炒青技术。其实炒青绿茶自唐代开始已经有了。只是炒制时间不长。经唐、宋、元的进一步发展，炒青茶逐渐增多，到了明代，炒青制法已日趋完善。制法大体分为：高温杀青、揉捻、复炒、烘焙。这种制法已经与现代炒青绿茶制法非常相似。

● 从绿茶至其他茶类

制茶过程中，为了确保茶叶的香气和滋味，使用不同的发酵程序来引起茶叶内质的变化，从而找到了一定的规律。使茶叶从采摘鲜叶开始，经过不同的制造工艺流程，制作成各种色、香、味、形不同的六大茶类，即绿茶、红茶、乌龙茶、黑茶、黄茶、白茶。

（1）黄茶的产生

黄茶的产生可能是从绿茶炒制工艺掌握不当演变而来的。明代许次纾在《茶疏》(公元1597年)记载了这种演变历史。

（2）黑茶的出现

绿茶杀青时鲜叶过多、火候温度低，使叶色变成近于黑色的深褐绿色，或绿毛茶堆积后发酵，渥堆成黑色，这就是产生黑茶的过程。

（3）白茶的由来和演变

唐、宋时期所说有白茶，是偶然间发现的白叶茶树采摘下制成的茶叶。现代白茶是从宋代绿茶三色细芽与银丝水芽逐渐演变而来的。

（4）红茶的产生和发展

茶叶制造过程中，发现用日晒代替杀青、揉捻后叶色红变，茶汤也变红从而产生了红茶。最早的红茶生产从福建崇安的小种红茶开始。

（5）乌龙茶的起源

乌龙茶介于绿茶、红茶之间。两者制法互相仿效，从而发展出了乌龙茶制法。

（6）从素茶到花香茶

茶中添加香料或香花的制茶方法有着悠久的历史。宋代蔡襄的《茶录》中有加香料茶的记载；南宋施岳的词中也出现了茉莉花焙茶的记载。其他各种花卉的花茶也散见于明清两代的史书中。

第 4 章

角开香满室，炉动绿凝铛

煮器

陆羽对于饮茶器皿的要求一方面要益于茶的汤质，另一方面器皿设计力求古雅和美观。饮茶用具看似平常，从中可看出陆羽对于饮茶艺术性与实用性的兼具是非常看重的。他对于风炉的设计，对于饮茶瓷碗的品相、色泽的要求，对于器皿原材料的要求，都是具有一定标准的。

本章内容提要

生火、煮茶、烤茶用具
饼茶的特殊用具
佛家漉水的用具
陆羽独爱越窑杯
各类茶具鉴赏

陆羽对于饮茶器皿的要求一方面要益于茶的汤质，另一方面器皿设计力求古雅和美观。他对于风炉的设计，对于饮茶瓷碗的品相、色泽的要求，对于器皿原材料的要求，都是具有一定标准的。陆羽对于饮茶艺术性与实用性的兼具是非常看重的。他对于风炉的设计，对于饮茶瓷碗的品相、色泽的要求，对于器皿原材料的要求，另一方面器皿设计力求古雅和美观。饮茶用具看似平常，从中可看出陆羽对于饮茶艺术性与实用性的兼具是非常看重的。他对于风炉的设计，对于饮茶瓷碗的品相、色泽的要求，对于器皿原材料的要求，都是具有一定标准的。陆羽对于饮茶器皿的要求一方面要益于茶的汤质，另一方面器皿设计力求古雅和美观。饮茶用具看似平常，从中可看出陆羽对于饮茶艺术性与实用性的兼具是非常看重的。他对于风炉的设计，对于饮茶瓷碗的品相、色泽的要求，对于器皿原材料的要求，都是非

实用与艺术的完美结合

陆羽设计的煎茶器皿

《茶经》"四之器"详细罗列了唐代煎茶法所涉及的煮茶、饮茶用具，可分为生火、煮茶、烤茶、碾茶、量茶、盛水、滤水、取水、盛盐、取盐、饮茶、盛器、摆设、清洁等器皿。这些器具造型各异、独具匠心，操作虽繁复但具有逻辑性。

● 生火用具（5种）

风炉：为生火煮茶之用。用锻铁或揉泥铸成，形状像古鼎，炉壁厚3分，边缘宽9分，炉壁与炉腔中间空出6分，用泥涂满。炉上有3只脚，上刻21个古文字。3足之间，有3个小窗，底部的用来通风，出灰。炉腹上也铸有6个古文字。炉里设有放燃料的炉床，又设3个支锅的架：分别刻有离、巽、坎三卦。巽卦象征风，离卦象征火，坎卦象征水。风能助火，火能煮水，所以要有这3个卦。

灰承：有3只脚的铁盘，用来盛放炉灰。

筥：以竹丝编织，方形，用以采茶。不仅要方便，而且编制美观。高1尺2寸，直径7寸。或先做成筥形的木楦，用藤编成，表面编成六角圆眼，把底、盖磨光滑。

炭挝：六棱铁器，长1尺，用以碎炭。上头尖，中间肥，在握处细的一头拴上一个小镊作为装饰品。作成链，或作成斧。

火筴：又叫箸，就是火箸，圆而直，用以夹炭入炉。长1尺3寸，顶端扁平，不用装饰物，用铁或熟铜制成。

● 煮茶用具（3种）

镀即釜或锅，用以煮水烹茶，似今日茶釜。多以生铁制成。将镀的耳制成方形，使之容易放得平正；边制得宽阔，使能伸展得开；镀的中心部分要宽，使火力集中于中间，水就在其中沸腾，这样茶末就容易沸扬，滋味也就醇厚了。洪州镀以瓷制成，莱州以石制成，瓷与石都属雅器，虽不够结实，但耐用。银制镀非常洁净，但过于奢侈，为了耐用，还是铁制的镀比较好。

交床：以木制，十字交叉作架，上搁板，中剜空，用以置放镀。

竹夹：有桃、柳、蒲葵木制成，长1尺，两头用银包裹。

● 烤茶用具（2种）

夹：用小青竹制成，长1尺2寸，用以烤茶。遇火发出津液，借用它来提高茶味，但不在林谷中间就不容易办到。用精铁、熟铜之类制成的可以经久耐用。

纸囊：用白而厚的剡藤纸双层缝制。用以茶炙热后储存其中，不使其香散失。

生火、煮茶、烤茶用具

生火用具

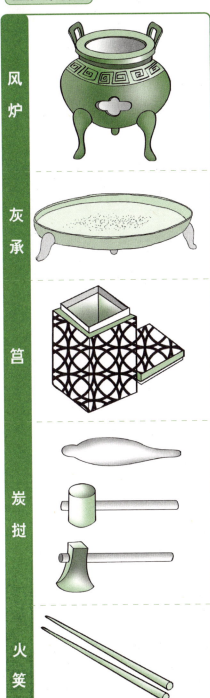

风炉

用途：煮茶器皿。
材料：铜铁或揉泥。
规格：壁厚3分，边宽9分，炉壁、炉腔间空出6分。
特点：外形像铜鼎，炉下3只脚，分别刻有"坎上巽下离于中"，"体均五行去百疾"、"圣唐灭胡明年铸"21个古字。3足之间开有小窗，用来通风、出灰。炉腹上铸有"伊公羹，陆氏茶"6个古文字。炉里设有放燃料的炉床，又设3个支镶的架，分别有"巽"、"离"、"坎"三个卦。

灰承

用途：用来盛放炉灰。
材料：铁。
特点：有3只脚的铁盘。

筥

用途：采茶。
材料：竹或藤。
规格：方形，高1尺2寸，直径7寸。
特点：筥形的木楦，用藤编成，表面编成六角圆眼，把底、盖磨光滑。

炭挝

用途：用以碎炭。
材料：铁。
规格：六棱形，长1尺。
特点：上头尖，中间肥，或作成锤、作成斧。

火筴

用途：用以夹炭入炉。
材料：铁或熟铜。
规格：长1尺3寸。
特点：又叫箸，即火箸，圆而直，顶端扁平。

陆羽设计的煎茶器皿

煮茶用具

镀

用途：煮茶。

材料：生铁（或瓷、石制）。

特点：即釜或锅，镀耳制成方形，容易放得平正，边宽阔，能伸展得开，中心部分宽，火力集中于中间，水在其中沸腾，茶末容易沸扬，茶汤滋味醇厚。

夹

用途：用以烤茶。

材料：青竹或精铁、熟铜。

规格：长1尺2寸。

特点：遇火发出津液，借用它来提高茶味。

交床

用途：用以置放镀。

材料：木制。

规格：十字交叉作架。

特点：上搁板，中剜空。

纸囊

用途：用以储存炙茶后的茶饼。

材料：剡藤纸{剡地（今浙江嵊县西南）所产藤、竹制造得名}。

特点：不使其香散失。

碾

用途：碾碎茶叶。

材料：橘木，其次用梨、桑、桐、柘木。

规格：碾，内圆外方，轴长9寸，阔1寸7分。堕的直径3寸8分，中厚1寸，边厚半寸。

特点：碾内圆便于运转，外方以防止倾倒。堕的形状如车轮，不用辐，只装轴。轴的中间是方的，柄是圆的。

● 碾茶用具（2种）

碾：橘木制成。其次用梨、桑、桐、柘木制成。碾，内圆外方，内圆便于运转，外方以防止倾倒。里面放一个堕，不使它留有空隙。堕的形状如车轮（即碾轮），不用辐，只装轴。轴长9寸，阔1寸7分。堕的直径3寸8分，中厚1寸，边厚半寸。轴的中间是方的，柄是圆的。

拂末：用鸟的羽毛制成，作用是将茶拂清。

● 量茶用具（3种）

罗：罗筛，用剖开的大竹弯曲成圆形，蒙上纱或绢。

合：合是盒，用竹节制成，或用杉木制成，涂上油漆。罗筛筛下的茶末需用有盖的盒储藏。高3寸，盖1寸，底2寸，口径4寸。

则：用海贝、蛎、蛤等类的壳，或用铜、铁、竹制成汤匙形。是用茶多少的标准。大致煮1升的水，用1方寸匕的茶末，喜欢喝淡茶的可减少，爱好较浓的可增加。

● 盛水用具（1种）

水方：用来储生水。用椆木或槐、楸、梓等木板制成，内外的缝都用漆涂封，可盛水1升。

● 滤水用具（1种）

漉水囊：用以过滤煮茶之水。囊的骨架用生铜制成，这样，水浸后不会产生苔秽和腥涩味，因为用熟铜易生铜绿污垢，用铁会生铁锈使水带腥涩味。住在林谷里隐居的人，也有用竹、木制成的，但竹木制的不耐久用，且不便远行携带，所以要用生铜。囊，用青篾丝编织，卷成囊形，缝上绿色的绢，缀上细巧的饰品。囊的圆径5寸，柄长1寸5分。用毕放入绿油囊内贮存。

● 取水用具（3种）

瓢：又叫牺杓，用葫芦剖开制成，或用木雕成。牺就是木杓，现在常用的，用梨木制成。

熟盂：瓷制或陶制，可盛水2升，储盛开水用。

竹荚：煮茶时环击汤心，以发茶性。

量水、盛水、滤水、取水用具

拂末
用途：将茶末拂清。
材料：鸟的羽毛。

罗
用途：用来筛茶末。
材料：竹。
特点：用剖开的大竹弯曲成圆形，蒙上纱或绢。

合
用途：贮藏筛下的茶末。
材料：竹节或杉木。
规格：高3寸，盖1寸，底2寸，口径4寸。

则
用途：舀茶末。
材料：海贝、蛎蛤或铜、铁、竹。
规格：汤匙形。
特点：大致煮1升的水，用1方寸匕的茶末，喜欢喝淡茶的可减少，爱好较浓的可增加。

水方
用途：贮藏生水。
材料：椆木或槐、楸、梓。
规格：盛水1升。
特点：内外的缝都用漆涂封。

漉水囊
用途：过滤煮茶之水。
材料：骨架用生铜，囊，用青篾丝编织。
规格：囊的圆径5寸，柄长1寸5分。
特点：囊缝上绿色的绢，缀上细巧的饰品。

瓢
用途：用以舀水。
材料：葫芦或梨木。
特点：又叫牺杓，葫芦剖开制成。

熟盂
用途：贮盛开水。
材料：瓷制或陶制。
规格：盛水2升。

碗
用途：用于盛茶汤。
材料：瓷质。
规格：似瓯（小盏），容量半升以下。
特点：上口唇不卷边，底呈浅弧形。

以下罗列了盛盐、取盐、饮茶、盛器、摆设、清洁用具：

● 盛盐、取盐用具（2种）

鹾簋：瓷制，放盐的器皿。圆径4寸，盒形、瓶形或壶形。

揭：竹制，取盐的用具。长4寸1分，阔9分，是取盐的用具。

● 饮茶用具（2种）

碗：是品茶的工具。唐代越州瓷为上，鼎州、婺州的为次；岳州为上品，寿州、洪州为次。也有说邢州比越州产的好，并非如此。其一，邢瓷似银，越瓷似玉；其二，邢瓷像雪，越瓷像冰；其三，邢瓷白，茶汤泛红色；越瓷青，茶汤呈绿色。

札：用茱萸木夹上棕榈皮捆紧。或以竹子扎上棕榈纤维。

● 摆设用具（3种）

畚：用白蒲卷编而成，用以贮碗。可放碗10只。也可用筥，衬以双幅剡纸，夹缝成方形，也可放碗10只。

具列：用以陈列茶器，类似现代酒架。成床、架形，用木、竹制成。都要能关闭并漆成黄黑色。长3尺，宽2尺，高6寸。

都篮：饮茶完毕，收贮所有茶具，以备日后用。用竹篾编成三角方眼，外面用宽的双篾作经，以细的单篾缚住。高1尺5寸，长2尺4寸，宽2尺，篮底宽1尺，高2寸。

● 清洁用具（3种）

涤方：用以贮存洗涤后的水。由楸木板制成，制法同水方，可容水8升。

滓方：用以盛放茶滓，制法像涤方，容量5升。

巾：粗绸制成，用以擦拭器具。长2尺，做成2块，用以交替擦拭各种器皿。

盛盐、饮茶、摆设、清洁用具

鹾簋
用途：盛放盐。
材料：瓷制。
规格：4（寸）。
特点：瓶形或壶形。

札
用途：洗涮茶器。
材料：棕榈皮，茱萸木，竹子。
规格：不详。
特点：形状像大的毛笔。

揭
用途：取盐用具。
材料：竹制。
规格：9×4×1（寸）。
特点：取盐轻便，快捷。

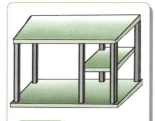

具列
用途：陈列茶器。
材料：木、竹。
规格：3×2×6（寸）。
特点：成床、架形，类似于现代厨房用架子。

畚
用途：陈列碗具。
材料：白蒲或用衬双幅剡纸。
规格：可放碗10只。
特点：洁净透气。

都篮
用途：贮藏所有茶具。
材料：竹篾。
规格：1.5×2.4×2(尺)。

涤方
用途：贮存洗茶具后的水。
材料：楸木。
规格：容水8升。
特点：方形，用漆涂封。

滓方
用途：盛放茶滓。
材料：木制。
规格：容水5升。
特点：方形，用漆涂封。

巾
用途：擦拭茶具。
材料：粗绸。
规格：2（尺）。
特点：做2块用来交替擦拭茶具。

陆羽煎茶法

炙茶 将饼茶放在火上烤炙，使水分蒸发以便碾末。

碾末 用碾、拂末将饼茶碾碎。

取火 事先备好煎茶的木炭，用炭挝打碎，投入风炉之中点燃煮水。

选水 根据茶品以及临近水源选择适宜水质。

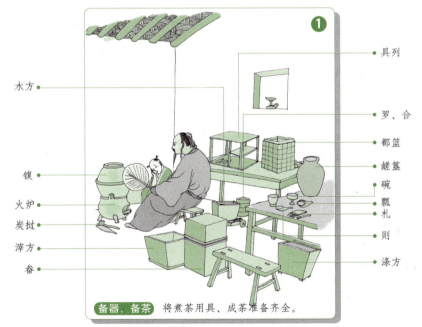

① 具列
罗、合
都篮
嵯簏
碗
瓢
札
则
涤方

水方
镇
火炉
炭挝
滓方
畚

备器、备茶 将煮茶用具、成茶准备齐全。

煮茶 要注意水的"三沸"以及称之为"隽永"的第一瓢。

酌茶 茶汤中珍贵新鲜，是镇中煮出的头三碗，最多分五碗。

饮茶 要趁"珍鲜馥烈"时来饮用。

洁器 用毕之茶器，及时洗涤净洁，收贮入特制的都篮中，以备再用。

设计体现五行和谐

风炉，"体均五行去百疾"

风炉在唐代煎茶法中是非常重要的煮茶器皿。陆羽将其与有关燃烧的器具放在第一条，并亲自设计其外观，可见他对于风炉的重视程度。

陆羽所说风炉，两耳三足，造型与古代的鼎十分相似，用铁、铜打造。炉内壁贴有6分厚的泥壁，燃烧时用来提高炉内温度。炉中安放的炉床则用来放置炭火。炉下身开有通风窗，并有3个支架放置煮茶的镄，炉底有盛灰的灰承，设计得十分实用。

风炉设计的艺术性也十分独特。其3只炉脚上铸有21个古字，"坎上巽下离于中"、"体均五行去百疾"、"圣唐灭胡明年铸"。鼎是《周易》六十四卦之一，巽下离上。据《周易·鼎》载："象曰：木上有火，鼎。"鼎在古代为烹调饮食品的热量来源。按照卦义，巽主风，离主火，"巽下、离上"是指风在下用以兴火，火在上用以烹饪。坎主水，"坎上，离下"是煮茶用水在上面，风从炉下吹过，火在其间燃烧。支镄的架子上分别铸有"巽"、"离"、"坎"的卦名和象征风兽的"彪"，象征禽的"翟"，象征水虫的"鱼"。

另一炉脚铸有"体均五行去百疾"7个字，意思为五脏调和、百病不生。中国古代中医根据五行，即金、木、水、火、土的属性，关联人体的五脏六腑，运用生克乘侮的理论，说明脏腑间的生理现象，以及病理变化，从而指导临床治疗。炉脚的7个字说明了茶的药理作用。

第三只炉脚所铸"圣唐灭胡明年铸"7字，主要具体说明了铸炉的时间。这里的"圣唐灭胡"一般认为是唐代宗广德元年（公元763年）平定"安史之乱"最后势力史朝义的时间。因此推断风炉应在其第二年所铸造，即公元764年。

陆羽所设计的风炉，唐代诗人皮日休、陆龟蒙都曾作有《茶鼎》诗。诗僧皎然、刘禹锡等也都有诗论述。鼎式风炉的使用周期并不太短，直到宋代改用"点茶"法（用水直接冲泡）时，各地依然有使用风炉的。至明代，煮茶的炉种类繁多，有竹炉、瓦炉、地炉等。饮茶方式逐渐由煎茶转为煎水之后，鼎式风炉依然风行了很长一段时间，可见陆羽《茶经》对后世饮茶文化的影响之巨大。

风炉，设计独特、造型美观的煮茶器具

陆羽设计的风炉

按卦义，说的是风在下，以兴火；火在上，以助烹，也就是说，煮茶的水放在上面，风从炉底洞口吹入，火在炉腔中燃烧，说的是煎水烹茶的基本原理。

彪

翟

鱼

体均五行去百疾：运用五行的原理结合人的脏腑器官，运用生克乘侮理论，说明饮茶能使五脏调和，百病消散，指明了茶的药理功能。

坎

离

巽

坎上巽下离于中

圣唐灭胡明年铸：一般认为"圣唐灭胡"是指唐代宗广德元年，即公元763年讨灭"安史之乱"之际，而这一年的"明年"，当指公元764年，这里说的是制造该风炉的年代。

风炉，「体均五行去百疾」

坎卦，巽卦，离卦

坎

坎：坎为水，行险用险、为险，两坎相重，险上加险，险阻重重。一阳陷二阴。所幸阴虚阳实，诚信可豁然贯通。虽险难重重，却能显人性光彩。

巽

巽：巽为风（巽卦），谦逊受益两风相重，长风不绝，无孔不入，巽义为顺。谦逊的态度和行为可无往不利。

离

离：为火（离卦），附和依托离为火、为明，太阳反复升落，运行不息，柔顺为心。

175

自命不凡的见证
"伊公羹"与"陆氏茶"

3

陆羽将自己首创的"陆氏茶"比作商朝伊尹的"伊公羹",可见他从写作《茶经》开始就认为自己的茶学著作、倡导的茶学理念是独一无二的。

在陆羽所设计的风炉炉壁三个小洞口上方,分别刻有"伊公"、"羹陆"和"氏茶"各两个古文字,连起来就读作"伊公羹"和"陆氏茶"。这里所指的伊公为商朝初年的伊尹,是史籍中所载的著名贤相。《辞海》引《韩诗外传》载"伊尹……负鼎操俎调五味而立为相。"这是鼎作为古代烹饪器具的最早记录。

我们先来说鼎:鼎,甲骨文字形,上面的部分像鼎的左右耳及鼎腹,下为鼎足。其本义为古代烹煮用的器物。盛行于商、周。用于煮盛物品,或置于宗庙作铭功记绩的礼器。它是古代传国重器,有的在鼎上铸字歌功颂德,后来才用于炼丹、煎药、焚香、煮茶。伊尹用鼎煮羹,陆羽用鼎煮茶,二人均属首创。"伊尹相汤","周公辅成王",在我国历史都有很大功绩,后世人往往祭祀以示其圣贤之礼。

陆羽在《茶经》中用了四章篇幅论述煮茶器皿、方法、品饮方式和要求,并大力推行"精行俭德"的茶德思想,由此创造出了系统的陆羽煎茶法,即"陆氏茶"。这种被后世称为"文士茶"的清饮法,是对唐代其他饮茶方式、方法的摒弃。这种煎茶法问世不久就受到社会各界,特别是士大夫阶级、文人雅士的赞赏与仿效。它使得茶人在品饮茶汤时与环境和谐相融,在赏花、抚琴、吟诗、作画中创造出一种怡然清雅的品茗意境,真正达到了修身养性的目的。"煎茶法"所提倡的对茶品、水品的严格选择,对火候的细微掌握,注重茶德、茶礼,以及倡导节俭的思想,至今仍有非常积极的指导意义。

他大力推行的"煎茶法"是中国茶史上饮茶方式的一次划时代的变革。自《茶经》之后,"茶道大兴","天下亦知饮茶矣"。后世茶人更是将陆羽奉为"茶神"、"茶圣"。 陆羽将自己倡导的煎茶法与伊公羹相媲美,是他自命不凡的见证,想必他当年已经意识到后世人将把他奉为茶学"圣人"了吧。

陆羽自命不凡的见证

风炉上的"伊公"、"羹陆"、"氏茶"

特别提示

陆羽将"伊公"、"羹陆"、"氏茶"六个古字设计在风炉腹部的三个洞口上，连起来读就是"伊公羹"、"陆氏茶"。陆羽将自己创制的茶与"伊公羹"相提并论，是以茶论道，说明修身养性、治国齐家平天下的道理。

伊尹

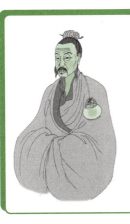

伊尹与鼎有什么渊源吗？

伊尹，名挚，尹是他的官名。有莘国（今山东曹县西北）人，是商初大臣，以厨人的调鼎、烹饪知识理解得天下和治天下的道理，赢得了商汤的信任，辅佐商汤，成为商初的一代名相。

有一个"伊公相汤"的典故：《辞海》引《韩诗外传》曰："伊尹……负鼎操俎调五味而立为相。"这是用鼎作为烹饪器具的最早记录。

177

独特的设计理念

镇—正令、守中

陆羽将镇设计为："方其耳，以正令也；广其缘，以务远也；长其脐，以守中也。"正令、务远、守中，反映了儒家的"中正"思想。

"镇"字在唐代中期之前很少用。《辞海》中《方言》第五说："釜，自关而西或谓之釜，或谓之镇。"《颜师古注》说："镇，釜之大口者也。"陆羽在《茶经》中选用了"镇"字，并对镇的造型加以独特的设计，可见他对于煮茶器皿是非常重视的。

镇是形似釜式的大口锅，用来煎茶煮水。不同之处在于方形耳，宽阔边，以及底部突出的所谓的"脐"。陆羽把它与风炉配合，加以精心设计，不能不说是他的独具匠心。方形的耳便于移动；边厚而阔便于摆放稳妥；脐长（是指脐至锅身距离要长，锅底弧度要大，尖底锅不适宜煮水）使可受热面扩大。

《茶经》没有说明镇的规格与容量是多少，但从史料中我们可以得出一个大概的轮廓：

竹夹："长一尺"。

水方："受一斗"。

碗："受半升已下"。

畚："可贮碗十枚"。

从材料中可以看出：深度在1尺以下（小于竹夹长度），容量5升至1斗（水方容量）。如果用竹夹搅动茶汤，需留出几寸来，那么镇的深度至多不过六七寸；每碗茶实际只有1/5升。镇的容量不会有1斗，四五升甚至三四升就已经足够了。

综上可见镇的体积很小，与之匹配的风炉也很小。同时，28种器皿同时放在一只竹篮里，镇的重量也不会太重。镇没有盖，只能以视觉辨别镇中的水或茶汤的沸腾情况，以及沫、饽、花的形成来得到解释。没有盖，卫生、热能、茶香气都会受到不利的影响，这是陆羽设计上的缺陷。

到宋代，镇已经很少用于煎煮茶水。一般用金属或瓷、石做的瓶。至明代，用陶瓷茶具煮水沏茶已很普遍。至清代初年，来自西洋的铜吊烹茶已很受推崇了。

从"镇"到"瓶"

镇——反映儒家"中正"思想

陆羽设计的茶器，除了讲究质地、规格、尺寸外，还在细节中体现为人立世的道理与守则。儒家的中正思想就体现在他所设计的"镇"中。

"广其缘，以务远也"。
译文：镇的边缘要宽，使其可以伸展得开。

"长其脐，以守中也"。
译文：镇的中心部分要长，火力可以集中，水沸腾时，茶末沸扬，滋味也就醇厚了。体现儒家"守中"思想：守持中庸之道，道德行为不偏不倚。

"方其耳，以正令也"
译文：耳方使镇容易放得端正。体现儒家道德人格的"身正令行"，即自身端正，管理国家就没有什么困难。

名词解释

中正

中，是指事物守持中道，行为不偏不倚。正，是指事物的发展遵循正道，符合规律。在儒家思想中，"中正"主要是指中庸与正直，是为人处世之道。

过渡到"瓶"的演变

宋代瓦瓶

明代瓷茶具

清代茶吊

特别提示

镇在唐代之后就慢慢退出了茶具行列，这同后来的饮茶方式由"煎茶"改变为"斗茶"、"点茶"有密切关系。镇虽然已经成为历史，但它很好地体现了陆羽对于茶器的设计要求：实用性、艺术性与思想性的高度结合。另外，镇也可以说是现代茶壶的雏形。

煮器

镇—正令、守中

179

唐代饼茶的特殊用器

碾、罗、合、则

唐代的饼茶要进行炙茶、碾末才能开始煮饮。"末"，就是碾茶，即把茶碾成末状。

碾茶的用具是碾（包括堕）和拂末。我们现在可以在中药店中看到碾药的药碾，而碾茶的碾和堕可以说是药碾的雏形，外形基本相同，使用原理完全一样。只是所选用的材料不同。药碾为金属制，茶碾是木制，规格相对也要小一些。

后代茶人如宋代的蔡襄认为应该用银或铁来制造茶碾。赵佶在他的《大观茶论》中则说，碾以银质的为好，熟铁次之。生铁制的如果没有经过掏炼捶磨，缝隙中带有黑屑，会改变茶的颜色。宋代诗文中也提到有黄金和石料制的茶碾。如范仲淹的《斗茶歌》中就说"黄金碾畔绿云飞，碧玉瓯中翠涛起"。这些都说明古代的茶人已从实践中认识到木器已不适用于制作茶碾了。

碾之前的程序是炙茶，碾以后则要进行罗茶（筛）。用罗筛茶是很重要的一道工序。陆羽的煎茶法，要将茶末放在复内烹煮，对于茶末的粗细有一定的要求。茶末经过罗才能不致过粗。被罗下的末落在合里，罗合就是筛子和底盘的组合。罗框是竹制的，筛网用纱绢，底盘以竹节制成。这种筛很小，口径仅有4寸。用罗筛出的茶末放在盒中盖紧存放。将"则"（量茶的小勺）也放在盒中。复内煮水，水沸时放茶末于内，用小竹夹进行搅拌。使其出现沫、饽、花的状态。

则，是用海中的贝壳或用铜、铁、竹制作的匙。用来盛取茶末。烧一升的水用一方寸勺的"则"取茶末。如果喜欢味道淡，就减少则中的茶末；喜欢浓茶，就增加茶末。

饼茶的特殊用具

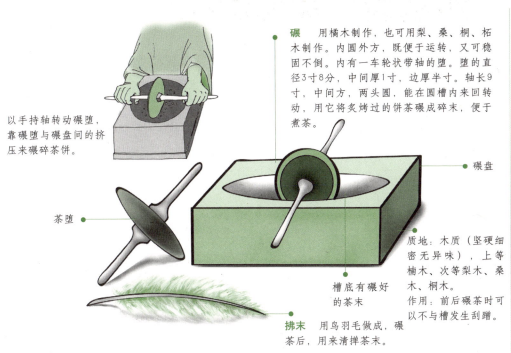

以手持轴转动碾堕，靠碾堕与碾盘间的挤压来碾碎茶饼。

茶堕

碾 用橘木制作，也可用梨、桑、桐、柘木制作。内圆外方，既便于运转，又可稳固不倒。内有一车轮状带轴的堕。堕的直径3寸8分，中间厚1寸，边厚半寸。轴长9寸，中间方，两头圆，能在圆槽内来回转动，用它将炙烤过的饼茶碾成碎末，便于煮茶。

碾盘

质地：木质（坚硬细密无异味），上等楠木、次等梨木、桑木、桐木。
作用：前后碾茶时可以不与槽发生刮蹭。

槽底有碾好的茶末

拂末 用鸟羽毛做成，碾茶后，用来清掸茶末。

煮器

碾、罗、合、则

碾之后的程序——罗、合、则

筛下的茶末

用罗筛出来的茶

罗 用来筛茶，用竹制成，弯曲成圆形，绷上细纱或绢。
材质：竹子、杉木经烤弯曲而成，圈面涂油漆。

罗面 细纱绢制成

合 用来贮茶，盒用竹或薄杉木板制成亦呈圆形，高3寸，盖1寸，底2寸，口径4寸。罗茶末时，得加盖，以防茶末飘散。

则 是一种量具，是放在"合"里的。陆羽时用海贝、蛎蛤的壳，或铜、铁、竹制作的匙、小箕之类，充当供量茶用。

181

煮茶用具影响茶汤品质

漉水囊、绿油囊

6

陆羽认为煮茶器皿与茶汤品质有着直接的关系。在28种煮、饮茶的用具中，漉水囊与绿油囊常常被人们所忽视，其实，陆羽对其是比较重视的。

陆羽很重视水质，且擅长辨别水质。每次煮茶之前，所用茶水都要用漉水囊过滤一遍。这种看似是洁癖的做法，可能有两种原因。一是所选用的水不是就地取用的；二是盛水的水方没有盖。水中如果落入了不干净的东西，陆羽主张有必要在煮水之前对水进行过滤。

漉水囊在没有被陆羽列入茶具之前是唐代佛教"禅家六物"之一。由于陆羽自小从寺院中长大，对于佛家用具非常熟悉。佛家倡导"净明"，主张清心寡欲。使本心及自身不为物欲所动，不染物、不触物，清净达到清虚之境。"净"的理念直接影响到陆羽的思想。他将其运用到茶具中，认为用漉水囊过滤的"净水"是洁净且圣洁的。漉水囊广为佛家所用还有一个原因就是携带方便。这应该也是陆羽将其列为茶具的原因之一。古代茶人如果想在野外煮茶品饮，如果没有办法选用陆羽所说的"山水上"的山泉水，那么就地取用的水就存在着卫生问题。用漉水囊将水质进行过滤显然是快捷方便的。

绿油囊是贮放漉水囊的袋子，也属于禅家用品。外形像一只大口袋，是一只可以盛水但不会漏的油布口袋。陆羽深知漉水囊与绿油囊的用途，所以他在《茶经》中将漉水囊归到过滤煮茶用水器具中。但后世茶人对此并不重视，在《茶经》之后的历代茶书中再没有出现漉水囊这一佛家滤水工具。

佛家滤水的用具——漉水囊

漉水囊

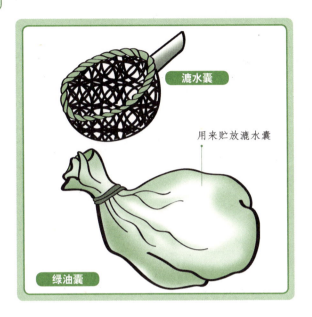

漉水囊

用来贮放漉水囊

绿油囊

名词解释

漉水囊（梵语parisravana），指佛家用来滤水去虫的器具，为比丘六物之一或十八物之一。比丘足戒后，常携带此物，用以避免误杀水中的虫类，并合乎卫生原则。

漉水囊净水程序

(1)

作杓形酒袋

(2)

将漉水囊张挂于壶口

(3)

在瓶口过滤

陆羽的最爱

越窑青瓷杯

茶具质地与颜色是评定茶汤色泽的标准。现代人都要用白色瓷碗瓷杯评茶，而陆羽主张用青色瓷杯。

● 越窑青瓷

陆羽认为越窑瓷杯非常宜于茶汤，可以使茶汤呈现绿色。由于陆羽的大力倡导，唐代的文人雅士纷纷作诗赞美越窑。唐代诗人陆龟蒙曾赞美越窑："九秋风露越窑开，夺得千峰翠色来。"越窑青瓷温润如玉，釉色青绿闪黄，其色彩能够完美地呈现茶汤的绿色，由此受到了喜爱饮茶的文人雅士的追捧。饮茶之风的盛行也对越窑青瓷的器型有所影响。唐早期青瓷器型以瘦高立型器为主，到了唐代晚期即出现了荷叶式、花口式的碗、盘。器型装饰以光素为主，也有划花、刻花、堆贴和镂空的纹饰。线条简洁、纤细、生动。晚唐至五代时期的越窑青瓷称作"秘色瓷"，釉面青碧，晶莹润泽。

● 陆羽独爱越窑杯的原因

陆羽主张用青绿色的瓷杯评判茶叶的好坏。并说越窑"青则益茶"（能增进茶汤色泽）。邢窑白瓷在唐代时是天下不分贵贱共用的。陆羽用了三个比喻形容越窑比邢窑好：

（1）质地方面：邢瓷似银，越瓷似玉。

（2）颜色、感观方面：邢瓷似雪，越瓷似冰。

（3）茶汤色方面：邢瓷白所以茶汤呈红色，越瓷青所以茶汤呈绿色。

陆羽还认为越窑制的瓯（小茶盏）为最好，能使茶汤呈现青色。指出唐代其他窑口的碗茶汤色都不如越窑。寿州窑碗使茶汤色发紫，邢窑碗使茶汤色发红，洪州窑碗使茶汤色发黑。唐代饼茶的汤色是淡红色的，陆羽从审美的角度来说茶汤绿色好于红色，从而对越窑情有独钟。

夺得千峰翠色来——越窑

陆羽的最爱

釉质温润如玉　　茶汤呈绿色略带闪黄　　胎质灰细腻

刻花的纹饰　　越窑茶盏

名词解释

越窑

越窑是中国古代南方青瓷窑。主要在今浙江省上虞、余姚、慈溪、宁波等地。因这一带古属越州，故名。唐朝是越窑工艺最精湛时期，居全国之冠。盛唐以后产品精美，都做得很规整，一丝不苟。常将口沿做成花口、荷叶口、葵口，底部加宽，作成玉璧形、玉环形。胎体为灰胎，细腻坚致，釉为青釉，晶莹滋润，如玉似冰。陆羽在所著《茶经》中评价茶碗，将越窑产品排在首位。

法门寺出土的唐代宫廷茶具

鎏金茶碾子
（碾茶之用）

伎乐纹洞

鎏金罗、合、则

鎏金银龟
（储放茶叶用）

素面淡黄色琉璃茶盏、茶托
（饮茶用）

伎乐纹调达子

　　1987年陕西省扶风县法门寺地宫出土了一整套精美的唐代宫廷金银茶具。从这批出土的茶具可看出唐代存在两种迥异的茶文化，一是以陆羽为代表的崇尚自然、俭朴的民间茶文化，另一种是以皇室为代表，崇尚奢华的宫廷茶文化。

煮器

越窑青瓷杯

185

历代茶具

茶具大观

茶具，中国古代又称为茶器、茗器。"茶具"一词汉代就已出现，到了晋代，称之为茶器。陆羽在《茶经》中将采茶工具称茶具，煮茶器具称茶器，用来区分它们各自的用途。

● **茶具在历史中的发展及演变**

原始社会人类发现野生茶树时，是生嚼鲜叶或煮成羹食，没有专用的茶具。直到进入奴隶社会才产生茶具，主要是煮茶的锅、饮茶的碗、存茶的罐等。秦汉时期，泡茶方法是将饼茶捣成末放入瓷壶并注入沸水，加以葱姜、橘子调味，这时出现了简单的茶具。中唐时期，北方地区饮茶增多，引起了各地瓷窑的兴起，并主要以烧制茶具为中心。陆羽《茶经》所列煮茶、饮茶、炙茶、贮茶用具共28件，由于非常繁杂，一般百姓不太用得到。宋代民间饮茶用茶盏（一种小型茶碗，口阔底小）。明代时，饮茶的瓷具推崇白色，器型小而精巧。中期以后又出现了用瓷壶和紫砂壶的风尚。清代彩瓷茶具、福州漆器等茶具相继风行。

● **种类和产地**

陶土茶具：新石器时代的重要发明，最初是土陶，逐步演变为较坚定的硬陶，其后发展为表面敷釉的釉陶。陶器佼佼者首推宜兴紫砂茶具。北宋初期紫砂茶具已经崛起，明代大为流行。

瓷质茶具：茶具中所占比重较大，物美价廉是其优点。是普通百姓饮茶必备之品。可分为青瓷茶具，白瓷茶具，黑瓷茶具和彩瓷茶具等。

（1）青瓷茶具以浙江产为最好，唐代的越窑茶具就被陆羽赞为"宜于茶"。

（2）白瓷茶具兼具陶和瓷的特点，釉面洁白、精致，能最好地反映出茶汤的色泽，适合冲泡各类茶叶。

（3）黑瓷茶具产于浙江、四川、福建等地，始于晚唐。宋代是其鼎盛时期，自宋代开始，饮茶方式由煎茶法逐渐改为点茶法。宋代流行斗茶，为黑瓷茶具崛起创造了条件。

（4）彩瓷茶具绚丽多姿、釉色润厚。以青花瓷茶具最引人注目。青花瓷主要产于景德镇，其蓝白相映的花纹淡雅宜人。

材质各异的茶具

陶土茶具　新石器时期就已出现。

玻璃茶具　开始于唐代。

金属茶具　由金银、铜铁锡等制成。

漆器茶具　始于清代，主要产于福建福州地区。

瓷器茶具　茶具的主流，所占比重最大。

竹木茶具　流行于隋唐以前，物美价廉，选材方便。

宋代茶具

宋代流行斗茶，茶具比唐代有了变化，南宋咸淳五年（公元1269年），审安老人创作的《茶具图赞》将宋代斗茶用具绘成图，名为十二先生，按宋代官制冠名。

茶篮

木待制茶

茶臼金法槽

茶磨 石转运

胡员外 茶杓

罗枢密 茶罗

宗从事 茶帚

漆雕秘阁 茶托

陶宝文 茶碗

汤热点 茶壶

竺副帅 茶筅

司损方 茶巾

煮器

茶具大观

漆器茶具：于清代始创，主要产于福建福州地区。漆器茶具品种繁多，有"宝砂闪光"、"金丝玛瑙"、"高雕"、"仿古瓷"、"釉变金丝"等品种。

玻璃茶具：玻璃茶具制造自唐代起步，具透明质地、光泽澄澈、可塑性强等特点。其冲泡茶叶，茶叶在冲泡过程中的动态一览无余，加上物美价廉，深受人们喜爱。

金属茶具：茶具由金、银、铜、铁、锡等金属材料制作而成。是我国最古老的日用器具之一。

竹木茶具：隋唐以前的茶具，除陶瓷器之外，民间多采用竹木制作而成。物美价廉，选材方便，对茶叶无污染，又对人体无害。《茶经·四之器》中开列的28种茶具，多数都是用竹木制作的。

缺点是不能长时间使用，无法长久保存。

● 紫砂茶具鉴赏

紫砂茶具是陶土茶具中最具代表性的一种，古人将紫砂土喻为"紫玉"。主要产于我国宜兴地区。宜兴位于沪、宁、杭的中心。北宋初期，宜兴生产的褐黑色建窑茶具深受各位饮家珍赏。到了明代，宜兴紫砂壶名家辈出，紫砂壶具广受欢迎并大为流行。紫砂壶造型奇巧，古朴大方，气质典雅，具有良好的保温、保味功能，可使茶汤香味浓郁。紫砂壶里外不敷釉，采用深藏于宜兴山腹地层中的紫砂泥。其质地优异，含砂低，可塑性极强，并含有较多益于人体的微量元素。

主要特点：可塑性好、透气性好、保温性能好、经久耐用。造型主要分为几何形体、自然形体、筋纹形体三大类。

紫砂壶

气孔
壶钮
钮座
盖面
盖沿
壶肩
壶口
流口
过渡
把基
壶把
壶流
把内圈
流茎
壶腹
壶底

煮器

茶具大观

宜兴紫砂壶泡茶可保留茶的真香，可以很长时间保持茶叶的色、香、味。上等紫砂壶应具有以下几个条件：

①造型简洁流畅，壶身沉稳大方。

②选用上乘泥料，且紫砂土多于五色。不论何种颜色的土，颗粒应略粗一些，以保证烧成的壶有一定的吸水率和透气率。这样的紫砂壶才能既不夺茶香，也不夺茶汤气。壶体的色泽应讲究自然古朴，手摸壶体有滋润感，没有火燥之气。

③古人有"三山齐平"的评壶标准：侧视壶体，壶嘴、壶口、把顶齐平；俯视时，壶嘴、盖钮、壶把保持一条水平线；正视壶体，壶的左右两肩齐平。

④钤盖作者的印章若是名家所制，壶价必定要高。但紫砂壶自古就有仿制之风，所以钤印只是鉴定、参考的因素之一。

⑤紫砂壶盖与壶口的间隙要小，当壶身注满水后，按住盖上出气孔，壶嘴应该滴水不漏。为方便取用，壶嘴内应装滤罩。

第5章

甘苦调太和，迟速量适中

烤、煮

唐代有关茶汤的调制，即饼茶烤煮的方法，其程序是先烤炙，再捣成末，烧水，煎煮，取饮。陆羽比较着重地描述了烤炙过程、选用燃料、煮茶用水，以及煮酌的方法。尤其他对于水的选用的描述，对于后世茶艺用水有着很好的指导作用。

本章内容提要

茶叶中的色、香、味

茶叶的烤、碾

烤茶、煮茶的燃料最好用木炭

山水上、江水中、井水下

烧水的艺术：三沸

茶汤的精华

斟茶的讲究

煮的三把利器

色、香、味

品茶究根到底就是品其"色、香、味"。唐代时主要将这三点与煮茶过程联系起来，认为只要煮酌恰当，三项就会很好地发挥出来；而现代人是从茶叶的生长、采摘、贮藏等科学角度来分析茶的"色、香、味"的。

陆羽在《茶经》"五之煮"中提到"其色缃也"，是说茶汤色浅黄。他指的并不是茶汤表面沫饽的颜色。沫饽颜色是白的，"其馨欤也"是说香气醇美。宋徽宗赵佶的《大观茶论》说"茶有真香"，同陆羽一样，没有能够描述出茶香来，仅仅用文字描述茶香是十分困难的。茶中芳香物质，按有机化学分类，已经可以分析出300多种。每一种茶叶都有各自的香气特点，可以用简单的形象化词句描述。《茶经》提到茶味时说："其味甘，槚也；不甘而苦，荈也；啜苦咽甘，茶也。""啜苦咽甘"即先苦后甜，是好茶的品质特征。甜指的是一种醇爽、味甘，不单单指像糖一样的甜味。

《茶经》所说的"色、香、味"单是指煮茶后的茶汤感官直觉而言。碍于唐代当时落后的科技水平，陆羽只能凭他自身的感受来评判茶汤优劣。现在，已经可以借助当代科技分析茶的"色、香、味"的形成原因了。

● **茶色形成**

茶类不同色泽要求也不相同。其中包括成品茶色泽、茶汤色泽。这些色泽是由茶叶中所含有的各种化合物所决定的。

● **茶香形成**

茶叶香气由其所含有的各种香气化合物所决定。目前已在茶叶中鉴定出500多种挥发性香气化合物，不同香气化合物的不同比例和组合构成了各种茶叶的特殊香味。

茶叶中的"色、香、味"（1）

茶色形成图

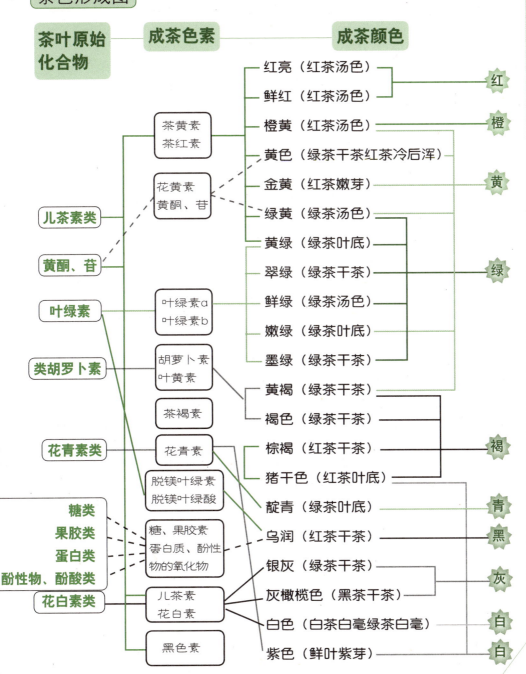

茶叶原始化合物	成茶色素	成茶颜色

- 红亮（红茶汤色）
- 鲜红（红茶汤色）— 红
- 橙黄（红茶汤色）— 橙
- 黄色（绿茶干茶 红茶冷后浑）
- 金黄（红茶嫩芽）— 黄
- 绿黄（绿茶汤色）
- 黄绿（绿茶叶底）
- 翠绿（绿茶干茶）— 绿
- 鲜绿（绿茶汤色）
- 嫩绿（绿茶叶底）
- 墨绿（绿茶干茶）
- 黄褐（绿茶干茶）
- 褐色（绿茶干茶）
- 棕褐（红茶干茶）— 褐
- 猪干色（红茶叶底）
- 靛青（绿茶叶底）— 青
- 乌润（红茶干茶）— 黑
- 银灰（绿茶干茶）
- 灰橄榄色（黑茶干茶）— 灰
- 白色（白茶白毫 绿茶白毫）— 白
- 紫色（鲜叶紫芽）— 白

成茶色素：茶黄素 茶红素；花黄素 黄酮、苷；叶绿素a 叶绿素b；胡萝卜素 叶黄素；茶褐素；花青素；脱镁叶绿素 脱镁叶绿酸；糖、果胶素 蛋白质、酚性物的氧化物；儿茶素 花白素；黑色素

茶叶原始化合物：儿茶素类；黄酮、苷；叶绿素；类胡萝卜素；花青素类；糖类 果胶类 蛋白类 酚性物、酚酸类；花白素类

烤、煮

色、香、味

193

● 茶味形成

　　茶叶滋味是茶叶化学组成部分含量和人的感官对它的综合反应。茶叶有甜、酸、苦、鲜、涩等多种滋味。鲜味主要成分是多种氨基酸，氨基酸鲜中带甜，有的鲜中带酸。涩的主要特质是多酚类化合物。甜味物质主要有部分氨基酸和可溶性糖。苦味物质主要有咖啡碱、花青素、茶叶皂素。酸味物质主要是多种有机酸。

茶香的形成图

茶类	鲜叶香气化合物	气味
绿茶，黄茶，白茶	顺式3-乙烯醇 酯类化合物	清香
红茶	α-苯乙醇 香叶醇	铃兰香
红茶，花茶	β-紫罗酮类 顺-茉莉酮	玫瑰花香
红茶	茉莉内酯 橙花叔醇	果香
乌龙茶	萜烯醇 水杨酸甲脂 苯乙醇	花香
黑茶	芳香醇 萜品醇 橙花叔醇	陈香
绿茶	正乙醇 3-乙烯醛	青草香
花茶，红茶	芳樟醇 茉莉内酯 茉莉酮酸甲酯	甜花香

茶味的形成图

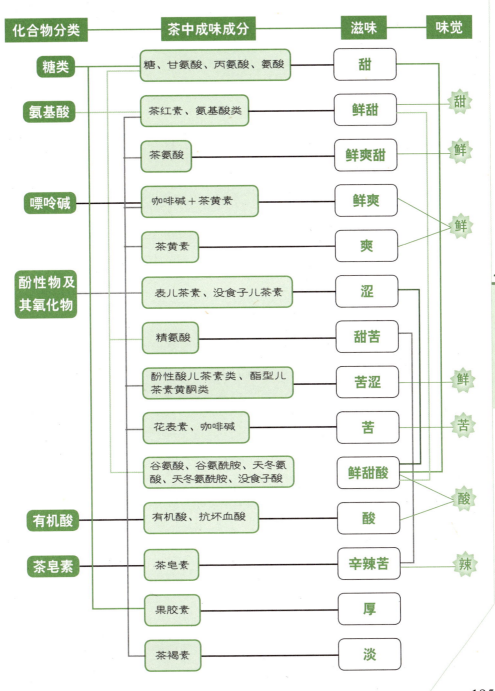

化合物分类	茶中成味成分	滋味	味觉
糖类	糖、甘氨酸、丙氨酸、氨酸	甜	甜
氨基酸	茶红素、氨基酸类	鲜甜	鲜
	茶氨酸	鲜爽甜	
嘌呤碱	咖啡碱＋茶黄素	鲜爽	鲜
	茶黄素	爽	
酚性物及其氧化物	表儿茶素、没食子儿茶素	涩	鲜
	精氨酸	甜苦	苦
	酚性酸儿茶素类、酯型儿茶素黄酮类	苦涩	
	花表素、咖啡碱	苦	
	谷氨酸、谷氨酰胺、天冬氨酸、天冬氨酰胺、没食子酸	鲜甜酸	酸
有机酸	有机酸、抗坏血酸	酸	
茶皂素	茶皂素	辛辣苦	辣
	果胶素	厚	
	茶褐素	淡	

烤、煮

色、香、味

195

讲究的技术

烤、碾

烤、碾属于饼茶在饮用前的两道必要工序，陆羽比较重视，并将其看做茶味是否醇香的关键所在。

唐代时人们品饮的茶为饼茶，属于"不发酵"蒸压茶。这类茶叶含水量比叶、片、碎、末茶要高，成型后需经过人工干燥或自然干燥。在《茶经》写作的时代干燥技术与包装、储存条件都不够好，因此饼茶含水量是很高的。饼茶饮用之前，如果不进行烤茶，很难将饼茶碾碎成末，品饮时很难保持茶的香味，因此陆羽非常重视烤茶这一程序。

陆羽对于"烤"很讲究，首先作了提醒，不要在迎风的火上烤，火苗飘忽不定，会使冷热不均匀。之后，烤茶温度要高，并要经常翻动，使受热面均匀，否则就会凉热不均；关于烤茶时间段的把握，初烤要把饼茶表面烤出像虾蟆背那样，然后离火5寸。复烤要看饼茶的干燥方法（烘干或日晒）分别气化或柔软程度而定。两次烤之间要有一定的冷却时间，要检验其标准为"卷而舒"。经过反复烤茶避免外熟内生，具备合乎理想的香气。

陆羽描述了嫩梢（芽、笋）烤后变软的形态。嫩芽，蒸后即捣，将茶叶捣烂，芽尖仍保留着。保留的牙笋就像婴儿的关节和手臂。由此可见牙笋不应是嫩芽，而是带梗的嫩梢。

关于碾好的茶末，陆羽主张要等它温度慢慢降下来，同时要求末要碾成颗粒状，不能碾成片状或粉状。

宋代制茶工艺比唐朝已有很大改变。"捣"的工序已改为"榨"、"研"，"上模"、"烘焙"的工序也有了改进与提高。由于宋代在制茶过程中已把茶叶研熟、研透，饼茶比较容易碾碎，饮用前没有必要再烤了。宋代以后，散叶茶逐步代替了饼茶。饮用前不需要烤、碾末，甚至对蒸压茶也不再烤炙。在气候相对潮湿的地区，或受潮、含水量多的茶叶，也保留在饮用前先用炭火将茶叶烤炙的习惯。

烤（唐代煎茶法步骤）（1）

① 开始烤茶时，茶饼离火要近些。

② 温度要高，茶饼要勤翻动，使受热面均匀。

③ 初烤时，当表面烤出像虾蟆背那样，离火大约要5寸。

④ 茶饼已经变软了。

⑤ 烤至茶饼颜色变褐，散发阵阵清香。

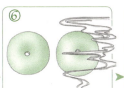

⑥ 烤完检验是否是"卷而舒"的标准（饼茶烤前与烤后的比较）。

⑦ 趁热将饼茶用牛皮纸包好，待冷却后碾茶。

特别提示

不要在迎风的火上烤，以免茶饼冷热不均。复烤要看饼茶的干燥方法（烘干或日晒）分别气化或柔软程度而定。

烤、煮

烤、碾

碾（唐代煎茶法步骤）（2）

陆羽《茶经·五之煮》所述，烤好的茶"承热"用纸囊贮存，"精华之气"不会散失。待茶饼冷却后，就可以开始碾茶了。

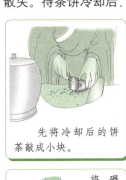

先将冷却后的饼茶敲成小块。

将块状的茶倒入碾钵。

将茶碾成末状。

将碾好的茶末放入罗、盒中筛分。

盖上盖，进行筛茶。

筛好的茶叶颗粒，一定要粗细适中。

严格的选择

"活火"

燃料的选择是比较苛刻的，一定要用"活火"，即冒着火焰的木炭。

烤茶、煮茶的燃料最好用木炭，其次用硬柴。沾了油腻的柴，以及朽坏的木料都不宜用来做燃料。陆羽引用了"劳薪之味"的典故：传说晋代荀勖与皇帝一起用膳。荀勖说饭是用"劳薪"烧成的，皇帝就问厨人，答曰果然是用陈旧的车脚烧的。

茶汤煎煮得好坏，很大程度上在于使用"活火"。"活火"的关键在于燃料的选择。陆羽甚至反对选用含有油脂的柴木。他认为这类木柴会烧出异味从而使煮茶的汤水香气与滋味大打折扣。他的这种担心不无道理，唐代饼茶的煎茶法是在一只镀中烧开水，然后投入碾碎的茶末。镀是没有盖的，以便于观察茶汤表面的沫、饽、花。这样一来，茶汤表面必然会沾污到空气中的杂尘，汤的品质就会大大降低。唐代苏廙在所写的《十六汤品》中，认为茶汤(水)最终表现茶品的优劣。如果名茶汤调制不好，就与一般普通的茶没有区别。煮水的老嫩，茶具，燃料的优劣，都可以对茶汤产生影响。

关于燃料选用和茶汤调煮，明代许次纾在《茶疏》中说："火，必以坚木炭为上……。"田艺蘅在《煮泉小品》中也认为松枝、松实可用。

● **燃料选择的关键**

（1）燃料性能好，火力不能太低，也不能渐强渐弱。

（2）燃料不可有异味，燃料气味可根据饮用者爱好的不同有不同的选择。

烤茶、煮茶燃料的最佳选择

燃料的选择

烤茶、煮茶的燃料最好用木炭，其次用硬柴。沾了油腻的柴，以及朽坏的木料都不宜用来做燃料。

"木炭为上"

"活火"是指即冒着火焰的木炭。

可用

"劲薪"
（硬柴）

① 桑木
② 槐木
③ 桐木
④ 栎木

不可用

"为膻腻所及"
（木沾了油腻）

柏木
松木
桧木

（膏木）

"膏木、败器"
（朽、废木）

劳薪之味

劳薪，即膏木、败器。用膏木、败器之类烧烤，食物会有异味，典出《晋书·荀勖传》。

《晋书·荀勖传》载曰：晋代的荀勖与皇帝一起用膳。荀勖吃后说饭是用"劳薪"（膏木、败器）烧成的，皇帝下令问厨人，答曰是用陈旧的车轮木烧的。

古人对煮茶的燃料要求

① 燃料性能要好，火力不可太低，也不可时强时弱。

此项对现代饮茶亦有益处。

② 燃料不能有异味，但气味可因饮用者的爱好不同而有所选择。

199

决定性的因素，"选水"

山水上、江水中、井水下

茶汤品质的好坏，需要经过水煮、冲泡，品尝判别。因此，水对于茶来说，是密不可分的"挚友"。

品茶品的是茶汤，因此水质的选择直接影响茶汤品质的好坏。陆羽深知水的重要性，将水定为"九难"之一。并在《六羡歌》中赞道："不羡黄金罍，不羡白玉杯，不羡朝入省，不羡暮入台，千羡万羡西江水，曾向竟陵城下来。" 陆羽将水源分别优次，定为"山水上，江水中，井水下"：

（1）泉水：比较洁净清爽、悬浮物少、透明度高、污染小、水质稳定。

陆羽指出："其山水，拣乳泉、石池慢流者上。"从岩洞石钟乳滴下的、在石池里经过砂石过滤而且是慢溢流出来的泉水最好。"乳泉"的水质中含有大量的二氧化碳，非常适宜煮茶，喝入口中有鲜爽甘醇的滋味。不过，泉中也会含有各种杂质。水流速度过快，无法澄清水中悬浮物。只有"慢流"的水流，才能保证泉水在池中能够有足够的停留时间，悬浮物颗粒垂直下沉，从而保证了池水的澄净。

（2）江水：硬度较小，因为是地面水，水中溶解的矿物质并不多。由于江水的流动和冲洗，江中之水往往含有较多泥沙，以及有机物等不溶水的杂质，水质较浑浊，而且受季节变化和环境污染的影响也很大，所以江水不是理想的泡茶用水。因此陆羽告诉我们应该去人烟稀少，污染小的江边去取水。

（3）井水：井水属于地下水，水中悬浮物含量低、透明度高。由于地层的渗透溶入了较多的矿物质盐类，使井水的含盐量和硬度都很大。另外，井水的硬度较大，在地层流动中溶解了过多特质。井水常年阴暗潮湿，不见天日，与空气接触太少。水中溶解的二氧化碳气体非常少，泡茶没有鲜爽的滋味。

从现代科学角度来看，要评价和衡量水的好坏，必须采用一系列的水质指标。水质指标既要反映水质的特点，还要反映某一种成分的含量。

千羡万羡西江水——水在煮茶中的重要性

陆羽非常重视对于煮茶用水的选择，他判定水质的根据是"山水上，江水中，井水下"。

H₂O
↓   ↓
氢   氧

水：（H_2O）是由氢、氧两种化学元素组成的无机化合物，在常温常压状态下表现为无色无味的透明液体。

烤、煮

山水上、江水中、井水下

上乘

山水 悬浮物少，含二氧化碳多，喝起来清新爽口。

不可用

瀑布 水流在流经凹陷，断层时急速地垂直跌落，使人容易得疾病。

要经过滤

水谷中水 水清不流动，炎夏到霜降可能有蛇蝎，要先放水，有新泉时取用。

上乘

泉水 洁净清爽，悬浮物少，透明度高，水质较稳定。

不理想

江水 即地面水，江水溶解的矿物质不多，硬度也较小。江水一般不是理想的泡茶用水。不过在污染少、远离人烟的地方去汲取江水，用这样的江水来泡茶还是适宜的。

不理想

井水 即地下水，悬浮物含量低，水的透明度高，由于在地层的渗透过程中溶入了较多的矿物质盐类，因而含盐量和硬度都比较大。在水源清洁、经常使用的活水井中去汲水泡茶，还是差强人意的。

烧水的艺术

三沸

煮茶包括烧水、煮茶两道工序，烧水为先。这个看似简单的程序在整个煮茶过程中却十分关键。陆羽将其分为"三沸"，并用比喻的形式表述出来，为后世理解唐代"煎茶法"提供了形象化描述。

唐人煮茶时，是先将水在鍑中烧开。烧水可以说是煮茶的"前奏"，陆羽细心观察每一沸水的形态：

● 一沸如鱼目

煮水时，当出现鱼眼泡一样的气泡，并微微有声时，这是第一沸。鱼眼泡应该是比较小的气泡（水被加热后，在鍑的底部出现的一些小气泡）其原理是吸附在鍑壁和溶于水中的空气形成的。气泡中含有一定量的空气。因受热产生饱和水汽。温度再度升高，使小气泡膨胀，并由浮力作用下由底部上升。上升到温度低的水位，气泡内水汽又凝结成水，因气泡外压强比其内压强大，气泡这时体积就缩小。温度继续升高时，气泡内水汽又凝结成水，体积又缩小，并发生振动。振动频率与烧水容器的频率相同时，会有共振现象，就会听到水响，但此时水还没达到沸点，小的气泡就如鱼眼般的大小了。

● 二沸如涌泉

温度继续升高，这时鍑内的气泡越来越多，气压增大，气泡聚集在水面以及鍑的边缘，其体积也增大，上升速度以及数量随着水温的升高而不断加大。待边缘像泉涌般一串串连环珠时，这就是"二沸"的"如涌泉"了。

● 三沸似鼓浪

当鍑内水面的气泡如鼓浪翻滚时，这就是第三沸。当水温达到足够的高度，气泡内的水汽饱和了，气压增大，气泡在上升过程中体积不再变小，继续增大。气泡浮力也变大，由底部向上升，升到水面破裂，放出蒸气，水就沸腾了。沸腾之后的气泡与容器的共振现象出现了，所以水也就没有了声音。陆羽指出，三沸之后就不可以再煮了，再煮的水就不可以饮用了。

如生命般的炫烂沸腾

三沸的形象化描述

一沸

鱼目 煮水时，出现鱼眼一样的气泡，并微微有声。

二沸

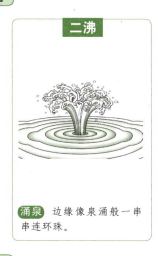

涌泉 边缘像泉涌般一串串连环珠。

三沸

鼓浪 似鼓浪翻滚。

水沸的原理

容器底部开始出现小泡泡。

温度升高，气泡膨胀，并由底部上升。

上长到温度较低部位，气泡成水，气泡体积缩小。

继续加高，水温升高。

气泡继续上升，体积又回缩。

气泡完全升到水面，水面沸腾。

水温的形象化比喻

老与嫩

古代与现代煮（泡）茶的不同之处在于，一个是"煮"，一个是"泡"。但二者的本质却都是用适当温度的开水煮（冲泡）茶叶。

古人对煮茶对水十分讲究。最适宜泡茶的水为刚煮沸起泡，这种水煮出来的茶"色、香、味"俱佳。烧水，要大火急沸，不要慢火煮。如果水沸腾过久，开过了头，就是古人所称的"水老"（当代人也如此称呼）。"水老"的水中的二氧化碳挥发殆尽，会使煮（泡）的茶味的鲜爽度大打折扣。而未煮沸的水，还未完全烧开，古人称为"水嫩"，同样不适宜煮（泡）茶。未沸腾的水温低，茶中有效成分不易煮出，香味低，并且茶末浮于水面，使品饮不方便。

陆羽对水沸程度的辨识（形辨、声辨、气辨），目的都是为了防止水"嫩"或水"老"。未烧开的水不好喝，无法将茶中水溶物充分地煮、泡出来，直接影响了茶香、茶味。水开过了头，水一直沸腾着，水中不断排放溶解于水的气体（二氧化碳），水变得毫无口感。用开过头的水煮、泡茶，茶色沉闷，不利于茶味。如果河水、井水烧开了头，水中所含的亚硝酸盐在镬中沸腾过久，水分蒸发太多，剩下的水里面亚硝酸盐含量就很高了。与此同时水中有一部分硝酸盐因水沸受热转变成亚硝酸盐，亚硝酸盐的含量又升高了。其是一种有毒物质，人喝下后会容易中毒。陆羽提倡的"三沸，已上水老不可食也"是非常正确的。

现代都采用泡茶法。泡茶水温对于茶汤色、滋味来说十分重要。要因茶而定水温。如高级绿茶，以80℃左右的水温为最合适，不可用100℃沸水冲泡。其道理是泡茶水温同茶叶有效物质的水中溶解度呈正比。水温越高，溶解度越大，茶汤越浓；反之，水温越低，溶解度越小，茶汤越淡。

老与嫩

老与嫩的判别

水老

CO₂挥发过多，降低了茶汤的鲜爽。

沸腾过久。

燃料过于炙热。

水沸腾过久，即古人所称的"水老"。此时，溶于水中的二氧化碳挥发殆尽，泡茶鲜爽味便大为逊色。

水嫩

水温低，不易泡开茶。

未烧开的水。

灶壁过厚不利于温度与火力的加强。

燃料还未燃烧炙热。

未沸滚的水，古人称为"水嫩"，也不适宜泡茶，因水温低，茶中有效成分不易泡出，使香味低淡，而且茶浮水面，饮用不便。

防止水的"嫩"或"老"：水沸程度的辨明，不论是形辨、声辨或气辨。没有烧开的水不好喝，也不能将茶的水溶物充分地浸泡出来。

根据茶叶来定泡茶水温

以刚煮沸起泡为宜，用这样的水泡茶，茶汤香味俱佳。

泡茶水温与茶叶中有效物质在水中的溶解度呈正比。水温愈高，溶解度愈大，茶汤就愈浓；反之，水温愈低，溶解度愈小，茶汤就愈淡。高级绿茶以80℃左右水温为宜。

1. 绿茶：{ 水温：75℃～85℃
        时间：30秒～1分钟

2. 红茶：{ 水温：95℃～100℃
        时间：30秒～1分钟

3. 乌龙茶：{ 水温：85℃～95℃
          时间：约30秒

4. 黄茶：{ 水温：75℃～80℃
        时间：30秒～1分钟

5. 白茶：{ 水温：75℃～85℃
        时间：30秒～1分钟

6. 黑茶：{ 水温：100℃
        时间：1～2分钟

煮茶的艺术

煮、酌

"煮"的关键在于水温的掌握;"酌"的关键在于第一瓢"隽永"。

● 酌茶的关键一瓢——隽永

酌茶,即用瓢或勺舀出茶水。其在煮茶之后,是关键的一个环节。当第一煮的水沸腾时,需要用勺舀出浮在水面上的一层(色如黑云母)水膜。这是茶末里的脏物,不宜饮用,一定要倒掉。水还在沸腾着,这时开始酌茶,舀出的第一勺是"隽永",茶味道极美。隽指滋味,永指长久。这是一勺开水,一定要留在"熟盂"内,以备作育出沫、饽、花并防止水再次沸腾。其后用勺一一酌到茶碗中,每次舀出的茶汤其味道均不如"隽永"。

● 煮、酌的四个特点

(1)第一步把水烧开,并用"揭"加入一定量的盐,再用"则"放入一定量的茶末。步骤是在镀内先烧水,后加盐、加茶、煮茶。

(2)水的沸腾形态,即水的气化现象分为三沸。陆羽形象地比喻为"一沸,如鱼目"、"二沸,如涌泉连珠"、"三沸,如腾波鼓浪"。单单只用了"形辨"。唐代的镀是没有盖的,煮水时最好辨识方法就是"形辨"。

(3)陆羽十分注意沫、饽、花的孕育和其在茶碗中的均匀分配。在第一沸时舀出一瓢"隽永"之水,以备用来抑制水的再次沸腾以及培育茶汤精华。

(4)茶汤沸腾的时候进行酌茶的工序。茶末会随着沸腾的水翻滚。舀入碗中的茶,有沫、饽、花,有茶汤,当然也有茶滓了。

陆羽的煎茶法在唐中期时就深受诗人白居易、陆龟蒙、皮日休的赞赏,他们都曾专门为此撰写了有关煮茶的诗。

唐之后的宋代,由于改变了制茶方法以及散茶的兴起,煮水器皿逐渐弃用镀改用瓶(铜瓶)了。瓶的口很小,煮水时很难看到瓶内水的沸腾情况,自然无法进行水沸的"形辨"。而且,唐代茶碾成末的煎煮法在宋代改为泡茶法。水沸只好用声音代替形象了。宋代诗人用松林中的风声以及雨声描述水沸声音。这时将铜瓶拿走,瓶内没有了声音时,将沸水冲入茶碗,茶汤就自然浮起了一层沫饽。

煮茶的艺术：煮、酌

酌茶的关键一瓢——隽永

当第一煮水沸时，要酌出水面上一层色如黑云母的水膜。

"隽永"是茶味至美之义。隽指滋味，永指长久。

酌茶时，酌出的第一瓢是"隽永"。

煮、酌的四个特点

① 先把水烧开，加入盐后，再放入茶末，也就是在同一只镀内先烧水，后煮茶，这是加盐的茶。

② 水分为三沸，是以水的气化现象，即以"鱼目"、"连珠"、"鼓浪"来分的。

③ 注意沫饽的孕育和每碗沫饽均匀时酌出一瓢水，酌茶在三沸时，酌出的第一瓢即"隽永"。

④ 酌茶是在茶汤沸腾的时候进行的，茶滓随着沸水翻腾，酌入碗中的茶，有沫饽，有茶汤，也有茶滓。

207

茶汤的精华

沫、饽、花

"沫、饽、花"其实就是茶汤表面的泡沫,将它们称为茶汤精华,其表面形态起了很大作用。按现代人评茶标准,这三项应该都算为弃物,但它们却是饼茶煮酌时的精华。

在酌茶时,要使各碗的沫饽均匀,因为沫饽是茶汤的精华,否则,5碗茶汤的滋味就不一样了。《茶经》对沫饽作了详细的形象化的描述,并按薄、厚、细轻分为沫、饽和花三类。所谓沫饽,据《茶经》所述,是一层在茶汤面上的浮沫,是茶汤的精华,薄的叫沫,厚的叫饽,细轻的叫花。

陆羽这样形容道:

沫,是薄的一层泡沫,像水面的绿苔,像酒杯中的菊瓣。

饽,是茶滓沸腾时泛起的厚泡沫,像白色的雪。

花,是细轻的泡沫,像漂浮的枣花,像水边和水洲上的青萍,也像晴空中的浮云。

陆羽"煎茶法"的酌茶方式,归根究底就是要求一个"匀"字。即要把沫、饽、花的茶汤均匀地分成五碗。酌茶时,舀茶汤倒入碗内,这时要控制沫饽的均匀。他指出沫饽是茶汤的精华,把"沫"排在首位,以此推断陆羽应是首推"沫"的,认为以沫为最好。从他对沫的比喻当中("绿苔"、"菊瓣")可以看出"沫"里所含的泡沫大小是非常小的,以至于看不出泡沫间的空隙,另外一点就是,"沫"中不含茶滓,是纯粹的茶的泡沫。

第二是"饽",他形容为白雪,并特意指出是茶滓沸腾时含有游离物的厚泡沫,很明显,"饽"含有杂质,并不纯粹。

第三是"花",属于不那么纯粹,也不含有诸多杂质的最轻薄的泡沫。陆羽比喻得非常美,"枣花"、"青萍"、"浮云",是可以看得见空隙,接近于透明的泡沫。

"沫、饽、花"是唐代饼茶煎煮的茶汤精华,是其具有代表性的特征。虽然与现代的评茶标准极为不同,却是陆羽的另类爱好,是我们了解他创立的"煎茶法"十分关键的一点。

"沫、饽、花"

沫饽是茶汤的精华，薄的叫沫，厚的叫饽，细轻的叫花。

沫：茶汤面上的浮沫。

饽：饽是沉在下面的茶渣沸腾时泛起的一层含有大量游离物的浓厚泡沫，像雪。

花：花很像枣花、青萍、浮云。

烤、煮

沫、饽、花

209

斟茶的讲究

茶性俭，不宜广

"茶性俭"可以说是陆羽倡导精行俭德的一个小分支。他从品饮的数量、从茶汤本质说明俭的重要性。

"茶性俭，不宜广"是陆羽倡导的茶学精髓。"性俭"不仅是指茶的特征、药用效能会因煮的水过多而大大地减弱；也是指酌茶的碗数不宜过多，以确保茶汤的精华。第二点后世人加以总结为"饮茶以客少为贵"。

陆羽重视的是茶汤的质量，至于碗数的多少，茶汤的分配，他主张最多5碗。品饮时要趁热饮用，因为茶汤的精华"沫、饽、花"属于浮在茶汤表面的"英气"，如果冷了，"英气"就会消散，饮用就没有滋味与意义了。

"茶性俭"的"俭"，其实是贫乏，薄、少的意思。煮茶的水要少到适中，要使茶汤香醇、浓烈。水过多，会使茶汤中的有效成分含量减少，大大降低了茶汤滋味与效用。饮茶不单单是解渴而已，其提神醒脑，以及其他对人体有益的效能是茶为世人所喜爱的主要原因。如果水过多使茶滋味变淡，药用效能降低，这与饮水有什么区别吗？因此，水不宜多，"广则其味黯澹（暗淡）"。

后世提出的"茶，以客少为贵"其实是延伸了陆羽的"茶性俭"的观点。陆羽并没有明确提出"客少"是品饮茶汤精华的条件，他首先是从茶汤品质来看的。至于茶汤的"量"，则是以"质"的标准来衡量的。煮水1升，茶汤分作5碗。少的3碗，并且每碗茶汤不过碗容量的2/5。多到10人，他主张煮两炉。并指出喝到第四五碗时，如果不是太渴了就不要喝，并加上一个"甚"字，强调他的这个主张。其实他一直在强调的是茶汤品质，并不是量。"量"是为"质"而服务的。

陆羽"茶性俭"的原则具有普遍意义。当代小壶杯的工夫茶将茶的俭的本性体现得淋漓尽致。多轮冲泡法可以很好地把握泡茶时间，使小杯茶碗都能尽量做到茶汤均匀，对品茶的色、香、味极其有利，确保每一口都品到茶的真香。

"茶性俭" ——精行俭德的倡导

茶性俭，不宜广：饮茶以客少为贵，客众则喧，喧则雅趣乏矣。

陆羽非常重视茶汤的质，并不重视茶汤的量，煮水1升，酌分5碗，每碗所盛茶汤不过碗的容量的2/5。

"茶性俭"的"俭"，含有贫乏、不丰足的意思。也即是说，茶汤的水浸出物中，有效成分的含量不多，因此，泡茶的水不宜多，多了滋味就淡薄。陆羽讲的虽是煎煮的末茶，但他总结出来的"茶性俭"的原则却具有普遍意义。

饮罢方知深，此乃草中英

饮用

饮，有着深远的现实意义。陆羽强调饮茶的特殊意义是"荡昏寐"，并提出了他所提倡的饮茶的方式、方法。陆羽将茶分为"九难"。从采摘、加工、鉴别、取火、选水、烤茶、碾茶、煮茶、饮茶，每项都要做到精益求精，这样煮出的茶汤才能"珍鲜馥烈"（鲜爽、甘醇、浓烈），才能真品出茶的色、香、味。

本章内容提要

品是饮茶的最高境界
茶有九难
斗茶胜负的标准
饮茶风尚的传播
风尚的传播者是佛教僧徒

唐代有关茶汤的调制，即饼茶烤煮的方法，其程序是先烤炙，再捣成末，烧水，煎煮，取饮。尤其他对于水的选用的描述，陆羽比较着重的描述了烤炙过程、选用燃料、煮茶用水，以及煮酌的方法。

饮茶的特殊意义

荡昏寐

"荡昏寐"是指茶是可以起着生理和药理作用的消睡提神的饮料。同时它也在精神生活方面起到了作用。这是说，饮茶可以清除、扫荡昏昏欲睡的精神状态。

陆羽说人类与飞鸟、走兽一样，都是靠饮食赖以生存的。饮的意义长而深远，解渴要饮水；解烦愁要饮酒；要想消除疲劳、提神醒脑，饮茶是再好不过的了。

一碗清茶，香气悠长，它可以使劳累之人疲倦顿失，精神振奋；可以让脑力工作者提神醒脑，益于脑力。茶的二十四功效亦可以使某些病症得到很好的改善，增强人的体力。

现代科学证实，茶叶中含有脂肪、蛋白质、咖啡碱、茶多酚、十余种维生素等成分多达350多种。极富营养，并能调节生理机能，具有非常好的药用与保健效能。

生物碱占茶叶有效成分含量的3～5%。它包含茶碱、咖啡碱、可可碱、氨茶碱。咖啡碱含量最多，极易溶解于水。当沸水冲泡出茶汤时，茶汤中的咖啡碱含量约占茶中含量的80%。如果一个人每天饮茶4～5杯，体内可以吸收 0.3克的咖啡碱。咖啡碱的作用是能兴奋中枢神经，促进细胞的新陈代谢，增进体内血液循环。并振奋精神、消除瞌睡状态、减轻疲倦感。同时增强人们大脑的思维活动，提高对于客观事物的感受力，并且很有效地增强心脏、肾脏的生命机能。

茶中含有的其他成分能与咖啡碱互相发生作用。一个人在饮茶过程中获取的咖啡碱总量，要比单纯服纯咖啡碱效果缓和许多。咖啡碱以及代谢物在人体内不会长久积存，而是进一步氧化，以甲尿酸形式排出体外。避免了人们单纯服用纯咖啡碱引起的副作用。

饮茶能益思提神，对人体造血功能、强筋壮骨、维持甲状腺机能等生命机能起着非常好的作用。尤其是老年人、中青年人，或是脑力劳动者，更应当多饮茶叶，对身体健康是非常有益的。

饮茶的特殊意义

茶的功能不仅仅是止渴，它可以消除困乏、修身养性，起着很好的生理和药理作用。

飞禽 ➡ 走兽 ➡ 人类

互生天地间

非共性

共性

依靠饮食维持生命

饮茶可以提神醒脑，修身养性。

精神振奋

饮茶可以刺激神经中枢，兴奋大脑皮层，使人愉悦而振奋。

解除劳乏

益于脑力

使大脑皮层功能及脑力活动加强，工作效益提高，能使睡眠质量得到改善。

感到疲乏时喝上一杯茶，刺激功能衰退的大脑中枢神经，使之由迟缓转为兴奋状态，并集中思考力，以达到兴奋集思的功效。

饮茶最高境界

"品"

品茶，是指重在意境，以鉴别茶叶香气、滋味和欣赏茶汤、茶姿为目的，自娱自乐。是一种物质享受，也是一种文化的品味。

品，不单单是为了解渴，而是将它作为一种生活艺术，追求的是一种精神的享受。陆羽认为茶区别于其他任何饮品，是一种可以为人体提供养分的很好的饮料。是一种"荡昏寐"，一种起着生理、药理作用的修身养性的佳饮。陆羽对于茶极其推崇，首先将茶定义为"嘉木"。并从古往今来的古书中摘取有关茶的起源、疗效与典故，更将茶叶的选取难度与人参的选用相提并论。他倡导的"精行俭德"的"精"就体现在他将从采摘到煮饮列出"九难"，并要求各个都力求其精。他把唐代当时民间的一种"疮茶"（加佐料、沸腾着煮透的茶）看做是沟渠中的废水，非常不赞同人们习惯于用此方法煮制茶。在他的煎茶法中，他力求茶汤滋味做到"珍鲜馥烈"（鲜爽、甘醇、浓烈），将第一啜的茶汤称为"隽永"（茶汤滋味深长）。如果煮茶时加了一"则"茶末，煮出的茶汤最好只有3碗，最多不能超5碗。并说"茶性俭，不益广"，反对多加水煮茶，那样会使茶味清淡，就品不出好茶汤来了。可见，他煮茶、饮茶的最终目的是品。何谓"品"？意指重在意境，以鉴别茶叶香气、滋味，欣赏茶汤、茶姿为目的，自娱自乐。他倡导凡品茶者，得细品慢啜"三品方知真味，三番才能动心"。

陆羽不主张夏天饮茶而冬天不饮的习俗，提倡常年饮茶。他将茶脱离出了夏天解渴、消热的狭窄范围，说即使冬天，也可以饮茶。茶汤中含有诸多益于人体的有效机能，常饮茶，既提神醒脑又能健身、防治疾病。现实生活中人们在夏天因为天热可以大量饮茶解暑，冬天天气冷，可少饮或适当不饮用。在精神生活中饮茶并没有夏冬之分，每日的、常年的饮茶是非常有效的。

品是饮茶的高级境界

鉴别茶叶

- 视觉 —— 眼看
- 嗅觉 —— 鼻闻
- 味觉 —— 品尝
- 触觉 —— 手摸

品尝茶汤

- 绿茶 —— 爽口厚醇
- 红茶 —— 鲜红滋味浓厚
- 乌龙茶 —— 浓醇回甘 新鲜爽口

嗅茶香

- 绿茶 —— 茶香清澈鲜亮
- 红茶 —— 香气浓烈 茶汤红艳
- 乌龙茶 —— 熟桃香味 汤色青褐

饮用

品

217

处处的精益求精

九难

陆羽强调"茶有九难：一曰造，二曰别，三曰器，四曰火，五曰水，六曰炙，七曰末，八曰煮，九曰饮"，意即从采造到煮饮，都应力求其精。

———

"九难"实际上是陆羽对于茶的制造、饮用精益求精的要求。其中"造、别、器"是他所创制的"煎茶法"之前的三个步骤，是有关于茶叶的采摘、加工、鉴别，以及采制工具、煮饮工具的选择。我们着重说一下有关于唐代煎茶法的五项，即"四曰火，五曰水，六曰炙，七曰末，八曰煮"。

"四曰火"，取火：木炭最好；硬柴次之；沾染油腥味，含油脂，腐朽的木柴不用。

"五曰水"，选水：山水最好；尤其是从石钟乳滴下之水及水流不急的石池水最好。江河水次之；需选择远离居民区的江河段取水。井水最差；经常有人汲水的井才可取用。

"六曰炙"，烤茶：有讲究，热能要大。需离热源6～10厘米，并不断翻动，转换方向，使茶饼受热均匀，不至于烤焦。烤茶2～3分钟后，饼茶由硬逐渐变软，并在表面冒出白色雾状水汽。 6～7分钟后，饼茶表面呈深褐色，且焦香四溢。

"七曰末"，碾茶：要适度，烤好的茶"趁热"用洁净牛皮纸包好，以免"精华之气"散失。如此，经半小时后，当茶饼整体变凉，接近室温内常温时，随即开始碾茶。碾茶时，先要将烘干冷却后的饼茶敲成小块，再倒入碾钵碾茶。碾茶时，碾好的茶颗粒，一定要粗细适中。

"八曰煮"，煮茶要调和：一要掌握好火候；二要协调好煮茶时茶、水、盐三者用量的比例关系。烧水程度以掌握表面"微有烟"，并有"鱼目"状气泡冒出，发出轻微声音时，当为"一沸"。此时，水温达86℃～88℃，就要"调之以盐味"。用盐量按100毫升水比例调和。

茶之所需

```
                        茶树的
                       生长关键
     ┌─────────────┬────────────┴──────────┬─────────────┐
   土壤            水分              光能            地形

 烂石为上        茶树性喜潮        喜向阳山坡        野者上
 砾壤为中        湿，需要多量      不喜背阴坡谷      园者次
 黄土为下        均匀的雨水
```

茶之采摘到煮饮的九大难点

```
  饮用  器具  煮茶  碾末  烤炙  选水  取火  鉴别  制造
                          │
                        不可用
```

夏天饮茶而冬天不饮用	沾有腥味的风炉和碗	操作不熟练	青绿色粉末，青白色粉末	外热内生，没有烤炙好	急流和死水	沾有油烟的柴，沾了油腥味的炭	口嚼辨味，干嗅香气	阴天采摘，夜间焙制
✕	✕	✕	✕	✕	✕	✕	✕	✕

茶从采摘到煮饮的接力赛

选水 山水最好，江河水次之，井水最差。

取火 木炭最好，硬柴次之，沾染油腥味、含油脂、腐朽的木柴不用。

备器 将煮茶用具与成茶准备齐全。

制造 趁着"凌露"采摘"颖拔"的枝叶。

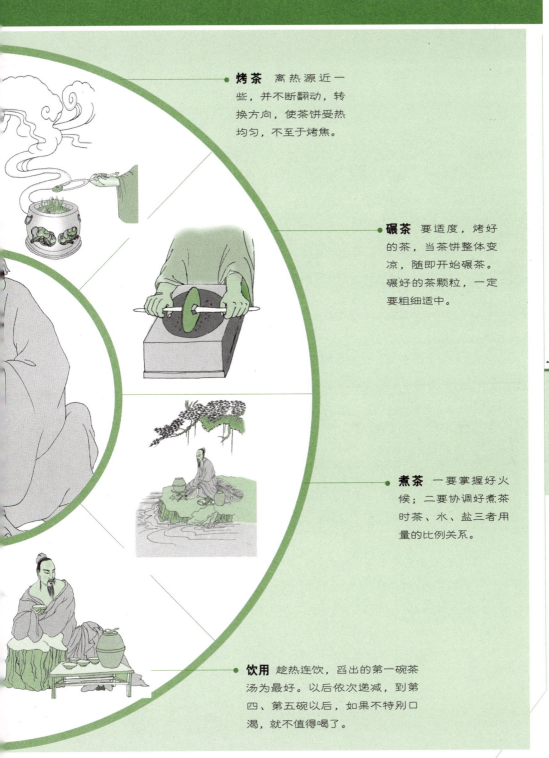

烤茶 离热源近一些，并不断翻动，转换方向，使茶饼受热均匀，不至于烤焦。

碾茶 要适度，烤好的茶，当茶饼整体变凉，随即开始碾茶。碾好的茶颗粒，一定要粗细适中。

煮茶 一要掌握好火候；二要协调好煮茶时茶、水、盐三者用量的比例关系。

饮用 趁热连饮，舀出的第一碗茶汤为最好。以后依次递减，到第四、第五碗以后，如果不特别口渴，就不值得喝了。

最重香与味

珍鲜馥烈

4

茶汤滋味陆羽用了四个字"珍、鲜、馥、烈"。从茶色、茶味、茶香、茶品说明了茶汤的美味程度。

陆羽的"珍鲜馥烈"首先从感官上就抓住了上等茶汤的优异品质：

珍：是形容事物的稀少与珍贵，用来形容煮出的茶汤，可见他对茶汤品质的重视程度，是稀有而珍罕的。

鲜：是保持茶汤的原汁原味与新鲜。

馥：是茶汤的香气一定要高远悠长，使人未品先闻其香。

烈：是茶滋味的甘醇浓烈，在闻其香的情况下，品出的茶味一定要浓烈，这样才真正地称之为"品"。

《茶经》所说"夫珍鲜馥烈者，其碗数三……"指的是一"则"茶末，只煮3碗，是为了使茶汤保持"珍鲜馥烈"，如果煮5碗，滋味就差了许多。当今潮汕地区讲究啜乌龙茶的人们，配置的茶壶的大小，也随人或碗数而定。人们品茶之前一定要先闻茶香，后再慢慢小口品啜。茶盅很小，饮茶目的当然在于品，在于怡情雅志。

陆羽重视茶汤的色、香、味，并要"嚼味嗅香，非别也"。说光"干看"茶叶并不能鉴别茶叶的品质，必须"湿看"茶汤。看茶汤表面的"沫、饽、花"的形态，品茶汤的香味。

品赏茶汤的习俗自唐代传到宋代之后，渐渐在上层社会里风行起"斗茶"（也称"茗战"）。当时全国各地为了能将最好的茶叶进贡给皇帝，人们搜罗了各地名茶，并经过斗茶，评出"斗品"，充作贡茶。

斗茶胜负的标准有三条：

（1）"茶色贵白"，比较茶汤色泽是否都是白色。以茶汤洁白为上。

（2）比较茶碗的周围是否有水痕。是指茶汤在紧贴茶碗壁时的"贴壁"时间的长短，长者为上，短者为下。

（3）比较茶汤面上是否浮有细的茶叶末。汤面上的茶末后沉的为上，先沉的为下。

珍贵、鲜美、馥郁、浓烈

　　"珍鲜馥烈"是指茶汤的鲜爽浓强。陆羽主张茶汤只煮3碗才可以品其真味。最多也不能超过5碗，他用少而精说明茶汤的珍贵与精华。正如"品"字的形状，喝3碗茶才能"品"出茶的真香。当代工夫茶道的品饮规则（用小杯，啜饮）就是沿乘了陆羽的"品"茶精神。

"干看"成茶

　　茶品色泽、气味，咀嚼茶叶，闻其香气。

"湿看"

　　越窑杯宜于茶色（呈绿色），品茶汤是否鲜爽醇厚。

闻、看茶汤

　　看茶汤表面的"沫、饽、花"的三种形态，辨别茶汤的优劣。

酌茶

　　一"则"茶末，最好只煮3碗，茶汤在于"品"，保持3碗茶汤的鲜爽。

坐客五人

　　只煮3碗茶，平均分饮。可以使每人都尝到茶汤的鲜爽。

坐客七人

　　以5碗均分，是为了使茶汤保持鲜爽甘醇。

坐客六人以下

　　不计碗数，将留出的最好的茶汤补所缺之人。

223

饮茶风尚的传播

滂时浸俗，盛于国朝

至于唐代以及唐代以前饮茶的历史，陆羽在"六之饮"中曾概括为这样一段话："茶之为饮，发乎神农氏，闻于鲁周公……滂时浸俗，盛于国朝。"

唐代饮茶风尚的盛行是具有一定的历史条件的。

秦始皇统一中国、汉朝的建立直至唐代，其间经历了风雨飘摇的800多年。并经历了三国、两晋、十六国、南北朝的长期动乱。隋代（581~618年）的安定时间不长。唐取代隋并统一全国，国力随之强盛起来。朝廷对农业采取了均田、减赋的措施，使社会持续了较长时间的安逸稳定。其间农业生产、发展得到了迅速提高。隋代开发的京杭大运河大大方便了南北交通往来，使茶叶生产、贸易、消费大大发展。《封氏闻见记》记载"其茶自江淮而来，舟车相继，所在山积，色额甚多"。内容反映了唐代当时的茶叶贸易的繁荣。可见茶商当时的势力与盐商可以相比了。

唐代中期以后，朝廷采取禁酒令以及酒价特别昂贵使茶叶的生产、贸易、消费日益增强。酒在当时很受人们的喜爱。制作酒的原料大多为粮食。随着饮酒人的增多，粮食消耗也就越多。唐代人口在唐初的100多年间，由300万户增至840多万户，增长了将近两倍。人们所需的粮食也成倍增长。然而安史之乱，使农民破产、逃亡，粮食产量急剧减少。因此，唐乾元元年（公元758年）开始在京城长安禁止卖酒。要求除了祭祀，任何人不得饮酒。酒价也在其间迅速增高，不少爱酒之人转而饮茶，并"以茶代酒"，因此大大地促进了饮茶文化的传播。

此外，唐代历史上的各类杰出文人对于茶文化的盛行与传播起到了一定的推动作用。如李白、皮日休、颜真卿、白居易、刘禹锡、柳宗元、陆龟蒙、温庭筠等人。由于陆羽《茶经》的问世，使茶道大兴，并规范了饮茶的程序。这些杰出的文学家特别推崇陆羽提倡的"煎茶法"。他们在自己的诗文中大量赋诗、雅颂饮茶，并形成了一股风气，使得唐代赞颂茶叶的诗文特别丰富，为茶文化发展起到了一定的推动作用。

自唐代开始的饮茶风尚

唐以前饮茶的著名人物

春秋时期

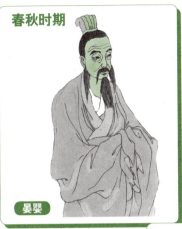

晏婴

杨雄就是汉代早期最著名茶人。汉代文人饮茶之举为茶进入文化领域的开端。在随后的每一个朝代，几乎每一个文化、思想领域都与茶有密切关系。杨雄在其著作《方言》中，从药用，从文学角度都谈到茶，同时还有辨茶之文考，由此开始了文人与茶的结缘，使中国茶文化初现端倪。

汉代

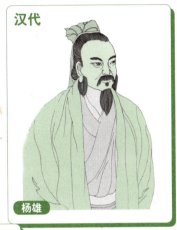

杨雄

晏婴担任齐景公时期的国相时，每日吃糙米饭，三五样的荤食与蔬菜，并配饮茶水。《晏子春秋》中记载："茶茗久服，令人有力，悦志。"将茶的别称"荼"、"茗"记录下来，并说明了茶的药理作用。

汉代

司马相如

司马相如的《凡将篇》记录下当时的药名，其中有"荈诧"一味，用来表达"茶"这种味苦的药物饮品。

三晋

韦曜

原名韦昭，博学多闻，深受吴国第四代国君孙皓的优待。

西晋

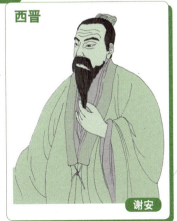

谢安

魏晋以来，士人刻意追求一种闲逸雅致的生活。他们崇尚大自然，以吟诗、饮茶、听琴、绘画为生。谢安就是这一时期的一代名士，他40岁以前一直隐居于会稽的东山，经常赋诗撰文，以茶会友，陶冶情操，修身养性。他一生酷爱茶道，《晋书》曾记载：谢安会友时必以茶果待之。

饮茶盛行于唐代的几大重要因素

1 历史条件因素

经历了自秦汉至唐800多年的长期动乱，农业生产极不稳定。

隋代（公元581～618年）安定时期为时很短。但京杭大运河的开通大大提高了南北交通往来。

唐统一全国，国力逐渐变强盛。农业生产得到了迅速发展，大运河使茶叶生产与贸易消费大大地增强。

政府采取的禁酒措施，酒价的昂贵，酒有害于身体，使不少爱酒之人转而饮茶，并以茶代酒，促进了饮茶风尚的传播。

唐代茶叶贸易十分繁荣，茶商势力几乎可以跟盐商相衡。

2 社会生产力因素

唐代社会安定繁荣，人们生活安居乐业。手工业与农副业的生产效率大为提高。

饮茶之风影响甚广，唐代边疆以及塞外人民喜好饮茶成为一种风俗，并一直保留到今天。

人文因素

唐代的文化发达，文人品茶作诗，成为风气，加上《茶经》的问世，使茶文化得到极大发展。

李白

李白是我国唐代的伟大诗人。其诗风雄奇豪放，想象丰富，语言流转自然，音律和谐多变，被后人誉为诗仙。李白一生酒与茶和朋与友不离左右。他的《仙人掌》中就曾有"茗生此石中，玉泉流不歇"等名句。

皮日休

皮日休是唐代文学家，曾任翰林学士，皮日休常与当时的名人雅士吟诗唱和，其内容很多都包括茶坞、茶人、茶笋、茶籝、茶舍、茶灶、茶焙、茶鼎、茶瓯、煮茶十题，几乎涵盖了茶叶制造和品饮的全部。他们以诗人的灵感、丰富的词藻，艺术、系统、形象地描绘了唐代茶事，对茶叶文化和茶叶历史的研究，具有重要的意义。

陆龟蒙是唐时的著名文学家，早年举进士不中，后隐居甫里。陆龟蒙喜爱茶，在顾渚山下辟一茶园，每年收取新茶为租税，用以品鉴。日积月累，编成《品第书》，可惜今已不存。

陆龟蒙

陆羽《茶经》的问世，使饮茶之道大行于世，唐朝因此进入了饮茶风尚最鼎盛的时期。陆羽创立的"煎茶法"使茶道与修身养性有机结合起来，并制定了饮茶的程序和规范，将饮茶文化从俗中脱离出来，成为雅性怡然的精神享受。大大影响了后世文人、茶人的茶学态度。

陆羽

饮用

漭时浸俗，盛于国朝

风尚的传播者

佛教僧徒

从饮茶风尚的传播情况来看，佛教信徒在历史上起着一定的推动作用。

历史古籍中有许多对于佛僧种茶、饮茶的记载。最早的为西汉(公元前206~公元24年)甘露禅师吴理真。他曾经在四川蒙山亲自种植茶树，是佛教僧徒种茶的最早记录。

自晋代以后，中国佛教僧徒吸收了道家、儒家的思想，自创了具有中国风格的佛教。其修行方法为"戒"、"定"、"慧"三种。其中守戒是主要的，首先戒酒，从而兴起了"以茶代酒"。

《茶经》中记述饮茶有关的佛教僧徒分别是：《艺术传》中的单道开，《续名僧传》中的释法瑶，《宋录》中的昙济道人。

陆羽是在佛寺中长大的，从小耳濡目染，对佛教有关的事物非常熟悉。虽然他不愿学佛，但他与几位佛教僧徒交往甚密。因此，他对佛寺中的茶叶有着一种亲切的感情。

佛家鼓励坐禅，饮茶是佛徒们日常生活中不可或缺的大事。在佛学的逐渐发展中形成了一整套相当庄严的茶礼。宋代不少禅寺在朝廷举行'丈衣'（袈裟）之类的佛教庆典时，或者大的祈祷时，都用茶礼表示庆祝。

日本荣西禅师曾在在天台山万年寺被宋帝诏到京师作佛教典礼，并在径山寺院中举行盛大茶礼。

佛教对于茶文化在我国的传播有着密切的关系。佛家一向有"茶禅一味"的说法。我国自古以来也有"名山出寺院"、"名山出名茶"的说法。

佛教僧徒在茶文化传播起到了一定的推动作用。尤其是一些高僧、名寺的推动，使得饮茶风尚在唐代以后的各朝各代中盛行起来。同时由于寺院地处名山大川，寺内种植的茶叶往往品种优良，我国不少名茶是最早由佛徒种植在寺院中，其后逐渐发展起来的。同时，寺院的安逸也为名茶的传承与保护起到了一定的作用。他们将种植茶叶的技艺传播于各地，为其后中国各类名茶的崛起起到了一定的推动作用。

传播茶文化的使者：佛教徒

历史上有名的饮茶佛徒

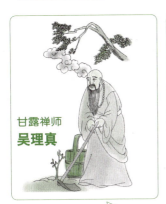

甘露禅师
吴理真

单道开

昙济道人

西汉（公元前206～公元24年）甘露禅师吴理真于四川蒙山亲自种植茶树，是有关佛教僧徒种茶的最早记录。

东晋永和二年（公元346年）单道开在河北昭德寺设禅室坐禅，并饮茶防睡，念诵经文。他所饮用的是一种"茶苏"（茶与紫苏调制成的茶品）。

南朝宋孝武帝的两位皇子去八公山东山寺拜谒昙济道人。他将寺中名茶献给二人品饮。这是寺院佛僧以茶敬客的最早记录。

饮用

佛教僧徒

茶文化传授到日本

日本最澄和尚

在中国学习茶叶技术，将茶种带回国，是佛教僧徒传播茶文化的主要方式。

日本荣西和尚

6世纪	7世纪	8世纪	9世纪	10世纪

德宗元年　　　　　　　　　　　　1168　　1191

南北朝	隋	唐代		宋

将茶籽带回日本种于滋贺县　　　　　　　第一次来中国　　带茶籽回国种在日本圣德寺、灵仙寺

229

第7章

何山尝春茗，何处弄清泉

产出

陆羽在《茶经》"八之出"中着重评述了唐代茶叶产地，产区名茶、特征以及茶叶品质与自然地理的关系。但陆羽的论述是不完整的，茶树原产地之一的云南，并未予以列入。其所述的八道遍及现在的湖北、湖南、陕西、河南、安徽、浙江、江苏、四川、贵州、江西、福建、广东、广西等13个省。

陆羽在茶经八之出中着重评述了唐代茶叶产地，产区名茶，特征以及茶叶品质与自然地理的关系。但陆羽的论述是不完整的，茶树原产地之一的云南，并未予列入。其所述的8道遍及现在的湖北、湖南、陕西、河南、安徽、浙江、江苏、四川、贵州、江西、福建、广东、广西等13个省。

本章内容提要

唐代茶叶产区分布为"八道"
"八道"的产茶情况
茶产区从唐代到现代的分布
茶品的四个等次

唐代茶叶产区

八道

《茶经》"八之出"中列出了唐代产茶的8个道（包含43个州郡、44个县）。并指明产于某山、某地。但陆羽未将茶的原产区之一的云南省列入其中，是为疏漏。

道是唐代开元二十一年（公元733年）以后，地方级别的行政区域规划。大致相当于我们现在的省一级地区。唐代的道以下设立州（郡），大致与现在专区一级相当。州（郡）以下设县，大致与现在县一级相当。

中国历史上的每一个朝代都有自己的区域规划标准，而且这个标准在每一时期会有所不同，唐代也不例外。唐代的道曾经有过一次较大变更。道的第一次设置是在唐贞观元年（公元627年）。当时的朝廷根据自然形势、地理位置、交通情况，将地区划分为10道（10道下又分出293个州）：关内道、河南道、河东道、河北道、山南道、陇石道、淮南道、江南道、剑南道、岭南道。

道的变更设置在唐开元二十一年。由于当时唐代的行政区域有所扩大，故重新划分了15个道。将山南道、江南道各自分成东西两道。增设了黔中道、京畿道、都畿道。

《茶经》中涉及的"八道"包括：山南道、淮南道、浙西道、浙东道、剑南道、黔中道、江南道、岭南道。

陆羽按照唐代的各地区的自然形势、地理划分出茶叶产区。8个道遍及现在的湖北省、湖南省、陕西省、河南省、安徽省、浙江省、江苏省、四川省、贵州省、江西省、福建省、广东省、广西省13个省及自治区。可见唐代的茶叶产区已经相当大。

如此广阔的茶产区，陆羽是如何划分出来的呢？陆羽21岁踏上寻茶之路，其间游遍了中国的大江南北，虽有未踏足的地区，但已经了解了大部分产茶区域。陆羽划分茶区的依据大体有三个方面：

（1）陆羽亲自到过的产茶区。如浙西道、淮南道某些州。

（2）从搜集的资料中整理出来的。如剑南道、浙东道、淮南道某些州。

（3）掌握茶叶样品而知道其产地的。

唐代茶叶产区8道的划分，是陆羽进行茶产地实地调查、收集资料、对茶叶样品研究的综合结果。

唐代茶叶产区分布之"八道"

"八道"以及所包括地区

此图仅作为历史资料参考示意图，不作为地图使用。

1.山南道	相当于今四川嘉陵江流域以东，陕西秦岭、甘肃蟠冢山以南，河南伏牛山西南，湖北郧水以西，自四川重庆市至湖南岳阳间的长江以北地区。
2.淮南道	相当于今淮河以南、长江以北、东至海、西至湖北应山、汉阳一带，并包括河南的东南部地区。
3.浙西道	相当于今江苏长江以南、茅山以东及浙山新安江以北地区。
4.浙东道	相当于今浙江衢江流域、浦阳江流域以东地区。
5.剑南道	相当于四川涪江流域以西，大渡河流域和雅砻江下游以东，云南澜沧江、哀牢山以东，曲江、南盘江以北，及贵州水城，普安以西和甘肃文县一带。
6.黔中道	秦代黔中郡的辖境，相当于今湖南沅水、澧水流域，湖北清江流域，四川黔江流域和贵州东北一部分。唐代黔中道的辖境与秦代黔中郡的辖境略同。但东境不包括沅澧下游今桃源、慈利以东，西境兼有今贵州大部分地区。
7.江南道	相当于今浙江、福建、江西、湖南等省及江苏、安徽的长江以南，湖北、四川江南的一部分和贵州东北部地区。
8.岭南道	相当于今广东、广西大部和越南北部地区。

八道之
山南道

相当于今四川嘉陵江流域以东，陕西秦岭、甘肃蟠冢山以南，河南伏牛山西南，湖北郧水以西，自四川重庆市至湖南岳阳间的长江以北地区。

(1) 峡州 （今湖北宜昌远安、宜都、宜昌市）

唐代著名茶产地、名茶产区。唐代李肇在其《国史补》称："峡州有碧涧、明月、芳蕊、茱萸"四种茶，同湖州的顾渚紫笋、寿州黄芽等名茶并列。

①远安县：出产鹿苑茶，其被奉为绝品。清代金田僧人曾作诗赞叹："山精玉液品超群，满碗清香座上熏。"另外，凤山附近产有凤山茶。

②宜都县：产茶山包括黄牛、荆门、女观、望州等山。

③夷陵县：夷陵茶为峡州名茶之一，至清代，东湖产有东湖茶。

(2) 荆州 （今湖北荆州江陵）

唐代出产的名茶仙人掌茶，最早由诗仙李白与他的族侄僧中孚发现而闻名于世。李白并为此作诗说："余闻荆州玉泉寺……唯玉泉真公，常采而饮之……其状如手，号为仙人掌茶……"并称常饮此茶，能返老还童。虽将仙人掌茶的作用过分夸张了，但可见其对此茶的喜爱之深。自李白发现后，其后各朝代依然视其为名茶。李时珍在《本草纲目》中说唐代饮茶之风盛行，茶的品种繁多，仙人掌茶为名茶。

江陵产有楠木茶和大柘枕茶。前者属于山川异产类名茶，后者属于片茶类名茶。

(3) 衡州 （今湖南省衡阳、衡山、湘潭、茶陵）

产自衡山的石廪茶可以"拂昏寐"（扫除昏寐）。其质与湖州的顾渚茶、福州方山茶不相上下。

阌林茶同样产自衡山。传说其茶籽是由飞鸟衔堕石隙中而生长出来的，非常不易得，是衡山的上品名茶。其功效可以消除肚胀。

(4) 金州 （今陕西省安康地区安康、汉阴县）

唐代的金州属于当时贡茶州之一。其下辖的紫阳县产有紫阳茶，今产名茶为紫阳毛尖。

(5) 梁州 （相当于现在陕西省汉中区宁强县、襄城县、金牛县）

需指出的是：陕西茶叶生产，自唐代始都仅限于汉水流域，其他地区均不产茶。

山南道

山南道地图

今湖北宜昌远安 出产鹿苑毛尖茶

紫阳毛尖　**今湖北荆州** 出产仙人掌茶
楠木茶、大柘枕茶

汉中
宁强　汉阴　紫阳　安康
远安　荆州
宜昌

衡阳　石廪茶、闷茶

峡州 茶名
今湖北宜昌

| 碧 | 明 | 芳 | 茱 |
| 涧 | 月 | 蕊 | 荑 |

鹿苑毛尖

　　成品茶外形呈条索状，显白毫，色泽金黄并带鱼子泡。茶香悠长，茶味醇厚，汤色黄净。是湖北茶中的上品。"清溪寺的水（今湖北当阳县），鹿苑寺的茶"正是对鹿苑茶的赞美。

　　鹿苑毛尖名字来源于湖北远安县鹿苑寺（位于县城西北云门山麓）。据记载，鹿苑茶（公元1225年）最初为鹿苑寺和尚在寺中栽培。由于茶味香浓，当代村民竞相引种，鹿苑毛尖的名声便扩大开来。

李白发现名茶"仙人掌茶"的典故

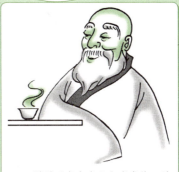

　　荆州玉泉寺真公和尚常饮一种茶，能"还童振枯，扶人寿"。

　　族侄僧中孚将此茶示于李白，见茶"其状如手，号为仙人掌"。

　　李白称此茶"旷古未观"，据此作诗，使名茶仙人掌流芳后世。

八道之

淮南道

3

相当于今淮河以南、长江以北，东至海、西至湖北应山、汉阳一带，并包括河南的东南部地区。

（1）光州（今河南信阳）

光山为唐代著名产茶地。清乾隆时期《光山县志》记载该地所产茶时说"宋时光州所产片茶，有东首、浅山、薄侧等名"。

（2）义阳郡（今河南信阳市南）

现信阳地区生产的信阳毛尖，是我国名茶之一，以信阳县东云山所产品质最佳。

（3）舒州（今安徽舒城附近）

舒城所产兰花茶，具有浓郁的兰花香。

安徽太湖县，是北宋时舒州太湖茶场，为当时十三茶场之一。直至清代，太湖县仍有产茶记载。

（4）寿州（今安徽六安）

清道光《寿州志》记载："寿州向亦产茶，名云雾者最佳，可以消融积滞"。

安徽六安县所产六安茶，是自唐代迄今的名茶。产茶品种有六安瓜片、提片、梅片，以及松萝茶。

霍山所产霍山黄芽为历史名茶，另外还出产天柱茶。

（5）蕲州（今湖北黄冈黄梅）

蕲州是唐代的名茶产地。唐代李肇《国史补》说："蕲州有蕲门团黄。"李时珍在《本草纲目》"集解"里说到唐代"楚之茶"也将蕲门团黄列举了出来，可见其为广为流传的名茶。

黄梅县出产有紫云茶。

（6）黄州（今湖北黄冈麻城）

黄州是唐代以前有名的茶产地，是采造贡茶的地方。到了宋代，黄冈仍有茶入贡。

北宋有麻城山原出茶的记载。现今在麻城龟峰山上创制了一种特种绿茶，龟山岩绿。

淮南道

淮南道地图

舒州兰花茶

寿州 六安瓜片　　六安　舒城

　　　　　　光州 东首浅
信阳　　　　　　山片茶
义阳郡
　　　　　　信阳毛尖
黄冈

蕲州 蕲门团黄

六安瓜片

　　茶叶形似葵瓜子，故称"瓜子片"，即"瓜片"。主要产于安徽六安、金寨。

　　"瓜片"于谷雨前采制。先要将鲜叶叶片与芽梗分开，经炒片，炒成片状，再烘干。

　　六安瓜片外形匀整，色泽翠绿，滋味鲜醇回甘，汤色碧绿，叶底黄绿明亮，香味清香持久。

　　六安瓜片：　六安瓜片已有300多年历史，其前身名为"齐山云雾"。20世纪初，六安茶行的评茶师只拣取绿茶嫩叶，剔除芽梗，以单片嫩芽炒制而成。

信阳毛尖

　　信阳毛尖产于河南省信阳县。茶区山峦起伏、多云雾、溪涧纵横，适宜茶树生长。此地已有2000多年的产茶历史。信阳毛尖外形紧直，显白毫，气味清香，茶汤绿浓。

信阳毛尖的传说

　　传说古时信阳毛尖种在鸡公山上，叫"口唇茶"，为九天仙女所种。

　　沏开水后，升起的雾气中会出现九个仙女，一个个翩然飞去。

霍山黄芽

　　霍山黄芽属黄茶，产自安徽霍山，为唐代名茶。成品茶特点为：茶芽细嫩显毫，叶色黄绿，汤色黄而明亮。叶底黄绿，滋味鲜醇回甜，具有熟的栗子香味。

八道之

浙西道

4

相当于今江苏长江以南、茅山以东及浙山新安江以北地区。

---

(1) 湖州 （今浙江嘉兴、长兴、安吉）

湖州是唐代以前的名茶产地。长城县所产顾渚紫笋茶是唐代最有名的贡茶之一。陆羽有《顾渚山记》一卷，是有关于顾渚山有顾渚紫笋茶的记载，其是以"色紫而似笋"而得名。

(2) 常州 （今江苏镇江、宜兴）

常州是唐代最有名的名茶产地之一。 君山、南岳山为唐代贡茶阳羡茶的产地。

(3) 宣州 （今安徽芜湖宣城、徽州太平宣城雅山，一名鸦山。）

雅山茶在唐、宋都被认为是名茶。太平县的太平猴魁为少数高贵名茶之一。

(4) 杭州 （今浙江杭州临安）

① 临安县。黄岭山岁贡御茶。

② 天目山，其云雾茶现为浙江名茶之一。不过在唐代，陆羽称其质同于舒州的"次"，同为次品。

③ 径山。出产径山茶。

④ 钱塘县。西湖龙井茶为驰名中外的名茶。

⑤ 天竺、灵隐二寺。出产宝云茶、香林茶、白云茶。

(5) 睦州 （今浙江杭州桐庐）

鸠坑茶，李时珍将其列为唐代"吴越之茶"的名茶。

(6) 歙州 （今安徽歙县、江西上饶婺源）

歙州就是徽州，是有名的茶产地。在明代产有一种很有名的松萝茶。黄山地区所产黄山毛峰属特种名茶之一。陆羽提到的歙州婺源，其绿茶久享盛名，被视为"屯绿"。

(7) 润州 （今江苏南京）

摄山，又名栖霞山，山麓有栖霞寺。有野生茶树。

(8) 苏州 （今江苏苏州）

长洲县所产名茶除洞庭山茶外，还有虎丘茶。洞庭山茶在宋代是列入"贡品"的名茶。

碧螺春，是与西湖龙井齐名的名茶。

浙西道

浙西道地图

临安（杭州）
出产贡御茶、天目
山云雾茶、径山
茶、西湖龙井茶

南京　　苏州
　杭州
宜兴

芜湖

宣城
上饶市婺源

碧螺春
虎丘茶
洞庭山茶

常州（义兴县出产阳羡茶）

歙州（松萝茶）黄山毛峰

相传古时黄山平县的一对白毛猴，走丢了小猴，老猴寻子心切，却不慎跌下山崖。

老汉采摘茶时，发现了老猴，将它埋在山岗上。

神猴显灵，整个山岗上都长满了茶树，后来这座山就被称为猴坑，将制出的茶命名为"太平猴魁"。

太平猴魁

产自安徽省太平县猴坑、凤凰山、狮彤山一带。成茶外形挺直扁平，显白毫。叶脉绿中隐红，俗称"红丝线"。色泽苍绿，茶汤清绿，茶香幽香，茶味醇厚，叶底肥厚。具有润喉、明目、清心、提神的功效。

八道之

浙东道

相当于今浙江衢江流域、浦阳江流域以东地区。

（1）越州（今浙江宁波余姚、绍兴嵊县）

越州各县均产茶。据明万历《绍兴府志》记载：越州茶品种有瑞龙茶、丁坞茶、高坞茶、小朵茶、雁路茶、茶山茶、石笕茶、瀑布茶、童家岙茶、后山茶、嵊剡溪茶。宋代欧阳修在《归田录》中将日铸茶誉为两浙茶品中的第一。瑞龙茶与其齐名。

除以上茶品之外，宋高似孙的《剡录》所述还有瀑岭仙茶、五龙茶、真如茶、紫岩茶、鹿苑茶、大昆茶、小昆茶、焙坑茶、细坑茶9种。上虞县还有以地得名的凤鸣山茶、覆卮山茶、鹁鸪岩茶、隐地茶和雪水岭茶。在清代初年，会稽县还产有兰雪茶。

（2）明州（今浙江宁波鄞县）

四明山，浙江四大名山之一，绵延奉化、余姚、上虞、嵊县、新昌等县，是名茶产地。现在此地区是平水珠茶的主产地。

（3）婺州（今浙江金华东阳）

唐李肇的《国史补》有关于"婺州有东白"的记载。五代蜀时的毛文锡在《茶谱》中说，婺州有举岩茶。后来，李时珍在《本草纲目》"集解"记述"吴越之茶"中有"金华之举岩"。金华的举岩茶，是明代的名茶之一。

东白茶，产自东白山，外形肥壮，具兰花香。

（4）台州

天台山，浙江四大名山之一，浙东茶区名产地。佛教天台宗的发祥地。据桑庄《茹芝续谱》说："天台茶有三品，紫凝为上，魏岭次之，小溪又次之。"其中紫凝又称为瀑布山，以上台州三品，至清代初年均已不再出产。

天台山的华顶茶，具有独特的色香味，是浙江的名茶之一。

浙东道

产

出

浙
东
道

浙东道地图

越州（日铸茶、五龙茶、鹿苑茶、焙坑茶）

婺州举岩茶

华顶茶

绍兴　余姚

台州

明州

华顶云雾

　　天台山产茶历史非常悠久。东汉末年，道士葛玄在华顶山上植茶。直至公元5世纪，茶叶生产有了较大发展，唐代时期已经很有名。由于华顶山夏凉冬寒，茶树年生长期很短。但春季茶芽开放时，可见满山的绿色茶芽。华顶云雾成茶外形细紧、壮实，色泽绿翠，茶香持久，汤色绿明，滋味醇厚爽口。

婺州举岩

　　婺州举岩又称金华举岩，因茶汤色如碧乳而得名"香浮碧乳"。
　　婺州举岩宋朝闻名于世，明代列为贡品。产于浙江金华市双龙洞附近。婺州举岩外形扁平紧直，可见茸毛。色泽银翠，香气悠长，具花粉香气，滋味鲜醇，汤色嫩绿，叶底匀整。

241

八道之

剑南道

6

相当于四川涪江流域以西，大渡河流域和雅砻江下游以东，云南澜沧江、哀牢山以东，曲江、南盘江以北，及贵州水城、普安以西和甘肃文县一带。

(1) 彭州（今四川温江彭县）

彭州九陇县，即今四川彭县。清代史书记载彭州县有茶笼山。棚口即彭县，古时称茶城。

(2) 绵州（今四川绵阳安县、江油）

绵州在涪江右岸，古时是四川产茶中心。绵阳平武县产骑火茶，昌明县产昌明茶，兽目茶产自兽目山。

(3) 蜀州（今四川温江灌县）

蜀州为唐代著名茶产地。毛文锡的《茶谱》载：蜀州所属的晋原、洞口、横原、味江、青城等地所产的横牙、雀舌、鸟嘴、麦颗、片甲、蝉翼等茶都是散茶中的最上品。灌县还产有名茶沙坪茶。

(4) 邛州（今四川温江）

邛州自唐代起就是著名茶产地。南宋魏了翁著有《邛州先茶记》，说明南宋时此地还是名茶产地。

(5) 雅州（今四川雅安）

此地所产茶以观音寺茶、太湖寺茶较为有名。另外，名山是唐代名茶蒙顶茶的产地。其是唐代剑南道唯一的贡茶，白居易在其诗中曾赞道"茶中故旧是蒙山"。

(6) 泸州（今四川宜宾泸县）

《本草纲目》集解中列举唐代"蜀之茶"，有"泸州之纳溪"一句。陆羽所指出的泸州的泸州茶，可能就是纳溪茶。

(7) 眉州（今四川乐山丹棱、彭山、乐山）

峨嵋山是眉州境内名山，峨嵋白芽茶，是四川过去的名茶。其茶味"初苦后甘"。陆游诗中赞说"雪芽近自峨嵋得，不减红囊顾渚春"。雪芽就是白芽。

(8) 汉州（今四川绵阳绵竹、什邡）

广汉的赵坡茶与峨嵋的白芽、雅安的蒙顶曾并称为"珍品"。但清代已绝迹了。

剑南道

剑南道地图

绵州（今四川绵阳安县江油）

汉州

江油
绵阳
灌县　安县
锦竹
彭县　温　江
邛州
雅州　雅安
乐山
泸县

泸州

彭州（今四川温州彭县）

蒙顶黄芽产于四川省名山县蒙顶山山区。创制于西汉，已有两千年的历史了。蒙顶黄芽古代专供皇帝享用。鲜叶采自每年清明节的圆肥单芽。要求芽头肥壮，大小匀齐。

成品茶形状扁平挺直，显白毫。色泽嫩黄，汤色黄亮，茶香浓郁，茶味甘醇，叶底嫩黄。

蒙顶黄芽的传说

相传青衣是江中修炼成仙女的仙鱼，一天化身村姑去蒙山游玩，采摘茶籽，巧遇采花青年。

仙女将茶籽赠给青年，私订终身。青年将茶籽种在蒙山顶上。

仙女被押回天宫，青年一生种茶，活到八十，因思念鱼仙，最终投入古井而逝。

八道之

黔中道

秦代黔中郡的辖境，相当于今湖南沅水、澧水流域，湖北清江流域，四川黔江流域和贵州东北一部分。唐代黔中道的辖境与秦代黔中郡的辖境略同。但东境不包括沅澧下游今桃源、慈利以东，西境兼有今贵州大部分地区。

（1）思州（今贵州铜仁）

思州所属贵州务川、印江、沿河、四川酉阳各县都产茶。其中务川的高树茶，茶名"高树"，说明树之高大，与近年我国在务川附近发现野生大茶树是一致的。

（2）播州（今贵州遵义）

原来播州所属贵州遵义市、遵义、桐梓各县都产茶。遵义金鼎山产云雾茶，清平香炉山、遵义金鼎山也产茶，贵定县产云雾茶，为贵州茶品之冠。

汉代播州为夜郎国地。其古代《县志》记载说："夜朗箐顶，重云积雾，爰有晚茗，离离可数，泡以沸汤，须臾揭顾，白气幂缸，蒸蒸腾散，益人意思，珍比蒙山矣。"是说夜郎山顶的云雾缠绕，所产的茶数量不多。泡出茶来白气蒸腾，喝后使人振奋精神，与蒙顶黄芽不相上下。

今湄潭县所产湄潭眉尖茶过去曾列为"贡品"。茶品细腻味道绝佳。

（3）夷州（今贵州铜仁）

夷州位于今贵州石阡县一带。石阡茶，古时曾列为"贡品"。

（4）费州（今贵州铜仁）

费州位于今贵州省铜仁地区西南部，气候温和，雨量充沛，土壤肥沃四季多雾，无工业废气，空气质量优，有利于茶叶氨基酸和咖啡碱等物质的积累，对发展茶叶生产具有得天独厚的条件。

黔中道

黔中道地图

发现野生大茶树

眉尖茶曾为贡品

务川
桐梓
湄潭
铜仁市

思州（今贵州省
铜仁市）

遵义市

贵定云雾

云雾山
都匀市

都匀毛尖

都匀毛尖

　　都匀毛尖又名"白毛尖"、"细毛尖"、"鱼钩茶"，是黔南三大名茶之一。产于贵州黔南布依族苗族自治州的都匀县。这里山谷起伏，海拔千米，峡谷溪涧，林木苍郁，云雾笼罩，气候温和。极利茶芽萌发。

　　都匀毛尖选用当地的苔茶良种，具有发芽早、芽叶肥壮、茸毛多、持嫩性强的特性，内含成分丰富。"三绿透三黄"是都匀毛尖的特色，即干茶色泽绿中带黄，汤色绿中透黄。外形条索紧结纤细卷曲，披毫，匀整明亮。

贵定云雾

　　贵定云雾又名贵定鱼钩茶，当地苗族（哈巴苗）同胞称之为bulaoji（不老几）。其历史悠久，据清康熙《贵州通志》载："贵阳军民府，茶产龙里东苗坡。"清代即为贡品。主要产地为贵定县云雾区仰望乡的十几个山寨。各寨山峰起伏，海拔均在1200米以上，终年云雾缭绕，气候特殊。贵定云雾的品质，形如鱼钩，弯曲美观，披毫，色泽嫩绿，香气浓郁，滋味浓厚，汤色绿而清澈，叶底嫩匀明亮。

八道之
江南道

相当于今浙江、福建、江西、湖南等省及江苏、安徽的长江以南，湖北、四川江南的一部分和贵州东北部地区。

（1）鄂州（今湖北黄石市咸宁地区）

原鄂州武汉市长江以南地区、黄石、咸宁、阳新、通山、通城、嘉鱼、武昌、鄂城、崇阳、蒲圻各县，大部分都产茶。特别是武昌山。早在晋武帝（公元280年前后）时，已有野生的"丛茗"。武昌县在清代还有产于黄龙山巅的云雾茶，品质极佳。咸宁地区蒲圻县羊楼洞所产的茶最为有名。

羊楼洞所产砖茶，过去曾远销蒙古和西伯利亚一带。

（2）袁州（今江西宜春）

《本草纲目》"集解"说袁州的界桥茶是唐代"吴越之茶"的名茶之一。

袁州在唐代有新喻、宜春，萍乡（唐代名为苹乡）三县，界桥茶产于宜春县，虽被称为名茶，但宋代已不再被人重视。

元马端临《文献通考》说："绿英、金片出袁州。"这里的袁州就是宜春县。袁州在明、清两代俱有茶芽进贡。

（3）吉州（今江西井冈山）

吉州在唐、宋、明各代皆有茶入贡。

江南道地图

庐山云雾

黄龙云雾茶

鄂州市

古时称鄂州

羊楼洞砖茶

庐山

黄石

宜春

井冈山

吉州
古有贡茶

庐山云雾的传说

名茶鉴赏之"庐山云雾"

据载，庐山种茶始于晋朝。唐朝时，文人雅士一度云集庐山，庐山茶叶生产有所发展。相传著名诗人白居易曾在庐山香炉峰下结茅为屋，开辟园圃种茶种药。宋朝时，庐山茶被列为"贡茶"。庐山云雾茶色泽翠绿，香如幽兰，味浓醇鲜爽，芽叶肥嫩显白毫。

他不知如何采时，天边飞来了一群多情鸟，来到茶园，帮他一个个衔了茶籽，往花果山飞去。

传说孙悟空在花果山当猴王的时候，忽然想要尝尝王母娘娘喝过的仙茶，于是一个跟头飞到天庭的茶园去寻茶。

飞过庐山上空时，鸟们情不自禁唱起歌来。茶籽掉进了庐山岩隙中。从此庐山便长出了清香袭人的云雾茶。

产出

江南道

八道之

岭南道

相当于今广东、广西大部和越南北部地区。

(1) 福州（今福建省福州市）

唐代福州是一个有贡茶的州。闽方山，就是闽县方山。方山茶早在唐代就已闻名。与方山茶齐名的鼓山茶在《茶谱》中有"福州柏岩极佳"一句。鼓山半岩茶称之为"半岩"，是由于它产于鼓山的半山之故。鼓山半岩茶是"色香风味当为闽中第一，不让虎丘、龙井"的，这和建州北苑先春、龙焙是可以比较的。

(2) 建州（今福建省建阳市）

建州茶中最为著名的，先是北苑茶，后是武夷茶，在清代初年"且以武夷茶为中茶之总称"。

从贡茶的角度来说，到了元代，武夷茶兴起后，北苑茶就废弃了。武夷最早被人们所知是唐代徐夤的"武夷春暖月初圆"的诗文。它的历史大致是"始于唐，盛于宋、元，衰于明，而复兴于清"。

武夷山茶，分岩茶、洲茶两种：在山者为岩，上品；在麓者为洲，次之。品名多至数百种，"不外时、地、形、色、气、味六者。如先春、雨前，乃以时名；半天夭、不见天，乃以地名；粟粒、柳条，乃以形名；白鸡冠、大红袍，乃以色名；白瑞香、素心兰，乃以气名；肉桂、木瓜，乃以味名"。

(3) 象州（今广西省柳州市）

象州适宜种茶，全县境内，所产的茶叶，以色、香、味三者为最，与各地所产茶叶不相上下。

(4) 韶州（今广东省韶关市）

韶州盛产白毛茶，白毛茶是中国特种名茶之一。其特有的清香、甘醇、生津解渴、醒脑提神、消食开胃、除腻去渍和防治病呕吐等多种功能而著称。"白毛尖"茶是茶叶中的珍品，它因茶芽粗壮，密披银色毫毛而得名。韶关市的仁化、乐昌是"白毛尖茶"的主要产地。

岭南道

武夷岩茶之"铁罗汉"

　　铁罗汉是武夷最早的名茶，其风韵为"活、甘、清、香"四字，传说是生长在武夷山慧苑岩内鬼洞中，该地两边岩壁耸立，此茶即生长在一个狭长丈许的地带，旁边还有小涧水流。据说，铁罗汉有治疗热病的功效，极受欢迎。

岭南道地图

柳州　建阳　福州　鼓山　建州　武夷茶　北苑茶

"铁罗汉"的传说

西王母幔亭招宴，五百罗汉开怀畅饮。

掌管茶的罗汉喝得大醉，途经慧苑坑上空时，将手中茶折断，落在慧苑坑里，被一老农捡回家。

罗汉托梦给老农嘱咐他将茶枝栽在坑中，制成茶，能治百病。故命名为"铁罗汉"。

武夷岩茶之"水金龟"

　　成品茶外形紧结，色泽墨绿带润，香气清细幽远，滋味甘醇浓厚，汤色金黄，叶底软亮。

"水金龟"的传说

传说清末有一年惊蛰，武夷山茶农祭祀茶神，"茶发芽"的喊声惊动了天庭为茶树浇水的老金龟。

老金龟被茶农的真诚感动了，化身成了一株武夷山上枝叶繁茂的茶树。

山上寺中的和尚发现茶树像趴在岩壁间喝水的金龟，于是念着佛经向从天而降的茶树行礼参拜。

249

从唐代到现代

茶产区的分布

10

饮茶文化的传播与茶叶产区的发展密切相关。唐代至今，茶文化的广泛传播使茶叶产区得到迅猛发展，产区不断扩大，并相应地产生了许多名茶。

唐代的茶叶生产是我国茶叶生产的基础。其产区涉及现今长江南北13个省、自治区。唐代至今已有1000多年的历史。茶产区从最初的13个省、自治区发展到现今的19个省、自治。地区跨度自西至云南省，北至山东省，南起广东省、东至台湾省。

茶叶产区的发展与社会生产力及社会需求有着密切关系。唐代至今，我国茶叶产区共经历了两次大的发展过程：

（1）从18世纪至19世纪的200多年中，由于饮茶风尚在国外迅速传播，茶叶的需求量大增。茶叶产区出现了一次较大规模的发展。

（2）新中国成立迄今的近60年，政府大力开展茶叶的生产，加强茶叶贸易，随着需求量的又一次增大，茶叶产区得到了又一次大规模发展。

自古以来，我国历代有着不同的茶叶产区分布。各朝各代对茶叶的生态条件、茶树类型、品种分布、茶类结构、产茶历史、生产特点等认知都有所不同。当代关于全国茶区的划分，大体有三种划分方式：

● **按纬度位置划分为三大茶区**（以北纬31°至北纬26°为基线）

（1）北部茶区（暖温带茶区）包括四川盆地以北、四川北部、陕西南部、湖北北部、河南南部、安徽北部、江苏等茶区。

（2）中部茶区（亚热带茶区）包括云南北部、四川中部、四川南部、贵州北部、湖北南部、安徽南部、福建北部、湖南、江西、浙江等全境。

（3）南部茶区（亚热带—热带茶区）包括云南中部、南部、贵州南部、福建南部、广东、广西、台湾等省区全境。

● **按唐代道名划分为五大茶区**

（1）岭南茶区。包括福建、广东两省中南部，广西、云南两省区南部及台湾省。

（2）西南茶区。包括贵州省全部，四川、云南两省中北部及西藏自治区的东南部。

（3）江南茶区。包括广东、广西两省区北部，福建省中北部，安徽、江苏两省南部及湖南、江西、浙江三省全部。

（4）江北茶区。包括甘南、陕南、鄂北、豫南、皖北和苏北部分地区。

（5）淮北茶区。包括山东中南部和江苏北部的几个县。

● **按地区地形划分为九大茶区**

（1）秦巴淮阳茶区。包括江苏、安徽黄山以北、鄂东、川东川北、陕西紫阳、河南信阳茶区。

　　（2）江南丘陵茶区。包括祁红、宁红、湘红、杭湖、平水、屯溪、羊楼洞老青茶区。

　　（3）浙闽山地茶区。包括温州、闽东、闽北茶区。

　　（4）台湾茶区。

　　（5）岭南茶区。包括闽南、广东、广西茶区。

　　（6）黔鄂山地茶区。包括宜红、贵州、滇东北茶区。

　　（7）川西南茶区。包括川南、南路、西路边茶区。

　　（8）滇西南茶区。包括滇西和滇南茶区。

　　（9）山东茶区。包括鲁东南沿海茶区、胶东半岛茶区、鲁中南茶区。

我国现在的茶叶产区分布

此图仅作为历史资料参考示意图，不作为地图使用。

从产区看茶品

四个等次

陆羽将唐代茶产区的5个道（32个州）分为三或四个等次。其余道未划分等次。这种对于茶品质划分的等次，如今已经没有现实意义。

陆羽所分的等次是指一个道内各个州的等次。各道同一级别的州，茶品质并不一样。如山南道上等并不等于浙东道的上等。需要加两点说明：

（1）各个道列在同一等别的州，其茶品质不一致。等别只用来表示道内各个州、郡之间所产茶叶等次。

（2）各道州、郡以下的各县、地区所产茶叶品质，也并不一致。

上述有关唐代茶产区品质的划分较不科学也过于粗略。随着历朝历代农业生产技术的革新，茶叶种类已从单一品种发展成诸多品种。茶树栽培、采制技术等各方面已有极大进步。陆羽划分的茶叶等次，早已经过时。

茶叶品质的等级划分有着科学的理论因素。首先，从影响茶叶品质因素上说，产区的自然地理条件是首当其冲的重要因素。适宜茶树栽培的生态条件有几大极限：

（1）土壤：PH值4.5至6.5之间，呈弱酸性反应。

（2）气温：年平均气温15℃以上，年总积温4500℃以上。

（3）雨量：年降水量1000毫米以上。

（4）湿度：空气相对湿度80%左右。

在茶叶产区内，气候、土壤、地形、植被等生态条件一向非常复杂。不同的茶树品种对于这些生态条件的适应有着明显差异。选择茶园位置时，要考虑气候条件，还要考虑自然地理条件，并要注意茶树品种、茶叶种类的选择。唐代茶产区是茶人在实践中形成的。唐代以后的茶产区也是按照以上生态条件发展的。凡是背离这些客观规律办事的，茶叶生产就得不到发展，也不能收到最大的经济效益。这就是为什么在规划茶区的时候，首先必须充分掌握历史和现在的自然地理资料的缘故。

唐代茶叶产区四个等次的划分

唐代茶区等次

	上	次	下	又下
山南	峡州	襄州、荆州	衡州	金州、梁州
淮南	光州	义阳郡、舒州	寿州	蕲州、黄州
浙西	湖州	常州	宣州、杭州、睦州，歙州	润州、苏州
浙东	越州	明州、婺州	台州	
剑南	彭州	绵州、蜀州、邛州	雅州、泸州	眉州、汉州
黔中	思州、播州、费州、夷州			
江南	鄂州、袁州、吉州			
岭南	福州、建州、韶州、象州			

两点说明

　　1.　各道列在同一等别的州、郡，其茶叶品质并不相同，等别只表示同一个道内各州、郡所产茶叶的等次。

　　2.　州、郡以下各县、各地所产茶叶的品质，从等别来说，也并不一致。

影响茶叶品质的因素

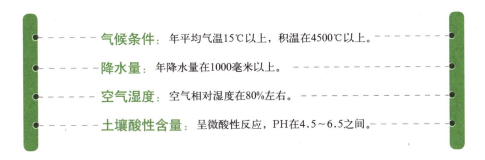

气候条件：年平均气温15℃以上，积温在4500℃以上。

降水量：年降水量在1000毫米以上。

空气湿度：空气相对湿度在80%左右。

土壤酸性含量：呈微酸性反应，PH在4.5～6.5之间。

故雅去虚华，宁静隐沉毅

总结

由于唐代饼茶采、煮、饮程序的繁琐，陆羽主张在一定的客观条件下，
在品饮煎茶之道的过程中，某些采茶、煮茶、饮茶的用具可以省略。
这可以说成是他对茶叶现采、现制、现煮、现饮风尚的最好
体现，不拘泥于小节，体现出了唐代高雅之士的
饮茶风尚。

本章内容提要

煮茶器皿的省略规范

《茶经》的终极要求

茶与人生

茶中的天时、地利、人和

由于唐代饼茶采、煮、饮程序的繁琐，陆羽主张在一定的客观条件下，在品饮煎茶之道的过程中，某些采茶、煮茶、饮茶的用具可以省略。这可以说成是他对茶叶现采、现制、现煮、现饮风尚的最好体现。由于唐代高雅之士的饮茶风尚。

由于唐代饼茶采、煮、饮程序的繁琐，陆羽主张在一定的客观条件下，在品饮煎茶之道的过程中，某些采茶、煮茶、饮茶的用具可以省略。这可以说成是他对茶叶现采、现制、现煮、现饮风尚的最好体现。由于唐代高雅之士的饮茶风尚。

由于唐代饼茶采、煮、饮程序的繁琐，陆羽主张在一定的客观条件下，在品饮煎茶之道的过程中，某些采茶、煮茶、饮茶的用具可以省略。这可以说成是他对茶叶现采、现制、现煮、现饮风尚的最好体现。由于唐代高雅之士的饮茶风尚。

由于唐代饼茶采、煮、饮程序的繁琐，陆羽主张在一定的客观条件下，在品饮煎茶之道的过程中，某些采茶、煮茶、饮茶的用具可以省略。这可以说成是他对茶叶现采、现制、现煮、现饮风尚的最好体现。由于唐代高雅之士的饮茶风尚。

由于唐代饼茶采、煮、饮程序的繁琐，陆羽主张在一定的客观条件下，在品饮煎茶之道的过程中，某些采茶、煮茶、饮茶的用具可以省略。这可以说成是他对茶叶现采、现制、现煮、现饮风尚的最好体现。由于唐代高雅之士的饮茶风尚。

特定情况下的省略

制具略

在一定的条件下，饮茶的工具和器皿是可以省略的。在特定的时间、地点和其他客观条件下，不必机械地照搬照用。

唐代所盛行的饼茶煎饮法，其品饮程序讲究、繁琐，对于一般大众来说，是过于程式化了。陆羽已经认识到这一点，为了表明他所倡导的"俭"，他在《茶经》中另辟一章，专门讲述在一些特定情况下，哪些制具可以省略。

他指出在初春禁火的时候，在野外寺院的山间茶园里，现采、现制茶叶，可以省去：

焙茶的附属工具：棨、朴

焙茶工具：焙、贯、棚

穿茶工具：穿

封茶工具：育

随着环境的变化，制茶工具变得不再那样繁琐。从可以省略的工具来看，茶叶仍需经过采、蒸、捣、拍以及自然干燥，但省略了人工干燥与复烘这两道工序。制成的茶是没有经过穿孔的饼茶原坯。

茶采摘下来后，经过蒸茶、捣茶之后，随即用火进行烘干，并不用规、承使其成型，可以说是一种简单、快捷、朴素的制茶法。这种方法做成的茶叶应该是散茶而不是饼茶。由于陆羽未明确说明"以火干之"的工具及方法，我们无法断定做成的是饼茶原坯还是散茶原坯。

"禁火"之时是指春茶采摘的时节，由于"茶树是个时辰草"，采摘必须要求及时。在野外寺院的茶园中，由于运输不便利，采摘下来的茶叶嫩梢如果不及时进行烘焙，很容易发热变质。所以繁琐的穿、焙、育的工具就完全可以省略了。

陆羽对于采制工具的省略提倡的是简，并不是缺失。对于饼茶采制、煮饮的必要工具他都保留了。也就是说，即使在某些特定的环境中少用了几样工具，所制出的茶依然是地道的"煎饮法"之茶，依然可以行"精行俭德"的饮茶风尚。

当采制归于简朴

"禁火之时"的工具是尽最大可能保持茶芽嫩度前提下提出的，陆羽不拘泥于小节，完全以茶叶的鲜嫩为前提。

制茶工具的省略（唐代）

禁火之时

初春禁火：古代寒食节禁火，寒食在清明前一天或两天，所以火前就是清明以前。

野外寺院

古人采摘茶叶

蒸茶

捣茶

用火烘干

在这两个条件下很多工具是可以省略的。

可省略的工具

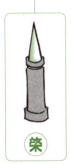

棨

朴

焙

贯

棚

穿

育

总结

制具略

257

高雅之士的饮茶风尚

煮具略

陆羽主张在野外的5种情况下，煮茶器具是可以省略的，煮出的茶汤滋味依然可以保持纯正。

中国古代文人崇尚自然和谐的生活方式。他们常常在景色怡人的山野中进行"文会"（文人为了应对科举，聚在一起写文章并互相观摩的集会）。他们吟诗赏画，饮酒品茗，欣赏山野美景。如果随身携带二十几件煮茶用具显然是不方便的。因此，细心的陆羽将在5种野外环境中煮茶不需要的茶具一一列举出来。

（1）松林中的石座上

山野松林是比较常见的野外煮茶环境，在松下的石凳上可以直接放置茶具，就不需要具列了。

（2）在山岗中用干柴、锅等煮茶

在野外利用自然条件煮茶是方便、快捷的。这时就不需要用风炉、灰承、炭挝、火夹、交床了。

（3）泉水或溪涧旁

陆羽将泉水列为水品的第一位。当取水环境就在泉水旁时，就不必用漉水囊、水方、涤方这些滤水与盛水的器皿了。

（4）野外饮茶人数为5人以下

在唐代的饼茶饮用中，饮茶人数的多少决定了茶汤的量。茶末碾得细煮出的茶汤味比较醇厚。因此，若在野外饮茶的人数在5人以下时，可以直接用碾细的茶末，而不需要罗、合了。

（5）山岩的山洞

在山口旁烤炙茶饼并研末，或将茶末装入了盒子中，就可以不用碾和拂末了。

根据上列情况，除去省略的煮茶器具，所需要的器具归纳如下：

舀水（茶汤）器具：瓢　　　盛水（熟水）器具：熟盂

盛盐器具：鹾簋　　　　　　盛茶汤器具：碗

炙茶器具：夹　　　　　洗刷器具：札　　　　　　盛碗器具：筥

陆羽主张将上列器具盛放在一只筥里，就不需要都篮了。需要指出的是，陆羽强调如果饮茶环境不是上面所述的5种情况，那么28种器具一样也不能少，否则就不能称之为饮茶了。

器具的省略可以说是陆羽对于茶的现煮、现饮的喜爱。从陆羽指出的松间、岩上、涧水旁、山洞的煮茶环境可以看到唐代高雅之士的饮茶风尚。

煮茶器皿的省略规范

具列

风炉

用干柴和锅等煮茶：不需要风炉、灰承、炭挝、火夹和交床。

✕ 灰承

松林石上：不需要用具列

✕ 交床

✕ 火夹

✕ 炭挝

✓ 筥

✓ 瓢

✓ 熟盂

只需瓢、碗、竹、夹、札、熟盂、鹾簋盛放在一只筥里就够了。不需要都篮。

鹾簋

✓ 札

碗

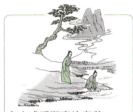
泉水或溪涧旁边煮茶：不需要水方、涤方、漉水囊。

品茶之人在五位以下，茶叶碾成细末：不需要罗合。

攀着蔓藤登上山岩，在山口烤干研末，或茶末已用纸包好放在盒里：不需要碾和拂末。

✕ 水方

✕ 漉水囊

✕ 罗合

✕ 碾

✕ 拂末

259

《茶经》的终极要求

分布写之，目击而存

《茶经》最初应该是图文并茂的。陆羽主张茶人要将《茶经》挂在座旁观赏。

陆羽对于《茶经》是视作珍宝的。在《茶经》的最后一篇中，他特意提出将《茶经》用毛笔在白绢上书写下来，挂在室内观看。既作为家中的装饰，又可一望而知，时时观赏，一举两得。

陆羽最初在撰写《茶经》时，是否已经将采茶工具、煮茶工具、采制过程、煮饮过程等内容画出图表，后世无从得知。但从他所描述的器具、器型、规格、质地、用途、特点等内容的精细度来看，最初的《茶经》应当是有构图的。

唐代茶道对环境的要求重在自然，主张人与自然的和谐统一，大多选在野外林间石上、涧水溪边、清静的竹林中等幽雅的环境。当时风行饮茶的寺院、道观、书院、会馆、厅堂、文人的书斋中四壁常常悬挂有书法、山水的条幅。因此，身为高雅之士的陆羽主张悬挂写有《茶经》内容的条幅也就不足为奇了。在《四库全书提要》中将《茶经》的这一章解释为："其曰图者，乃谓统上九类写绢素张之，非有别图。其类十，其文实九也。"这里指陆羽实际上是将《茶经》中的九个章节书写在绢素上，并没有图。但从至今日本茶道的茶境要求以及茶室室内装饰要求中，仍然保留有室内饮茶、四壁陈挂书画挂轴的传统。悬挂条幅是茶道整个程序当中的重要装饰物。从这一点上来看，日本茶道延续了《茶经》中挂条幅的传统，只是条幅上的内容不是《茶经》的文字罢了。由此可见唐代之后的茶人也是遵循陆羽的倡议，将写有《茶经》内容的条幅悬挂于室内墙上。这应当是后世悬挂书画条幅的发端。

《茶经》最后的要求

　　陆羽最初在撰写《茶经》时，一定是图文并茂的。他将自己设计的28件煮器描述得如此精细，就是为了人们在观赏《茶经》的挂图时一一对应，作为煮茶的参考图。他对于茶人常记心中的要求是将《茶经》挂在座旁，时时观看。

煮饮工具
时时观赏

茶经原文
时时记清

绢素做底的4幅或6幅有关
《茶经》的书法、绘画。

《茶经》全文约7000多
字，陆羽要求"目击而
存"（便于熟记、背诵，
图也可欣赏）。

挂在座旁

总结

分布写之，目击而存

261

总结（1）

从"品"到"心悟"的三重超脱境界

品茶到心悟道出的是一分宁静，一种境界。这种境界在一杯茶中，喝出的是人生的味道。

品，就像三杯茶盏，一杯鲜爽醇厚，二杯思人生之味，三杯参悟苦涩。茶的味道与人生相近。

人活人世间应多一分淡泊，多一分沉静。懂得适时抵挡诱惑，懂得洁身自好，不刻意追求功名利禄。只有这样才达到了超凡的境界。品茶人品著体会人生的真谛，体会人生的真正的意义所在。茶用嘴品，却要用心去悟。喝茶的过程，不仅是一种解决自身需要的过程，也是一种精神的愉悦与享受。品一杯茶可以让人明心境、清头目、去烦愁、明道理，让人的心与身和谐统一起来。

陆羽在《茶经》中处处体现了茶学精神"精行俭德"。在饮一杯茶之前，他要求茶人先做到自我道德修养的修行。他将茶列出"九难"，在克服了从制造、鉴别、器具、用火、择水、烤炙、碾末、烹煮、饮用之后，茶汤的精华才只煮三碗，他认为这样才能使茶汤鲜爽浓强。

在陆羽看来，饮茶就是品味、领悟人生的过程。饮茶不分老少、男女，不论等级高低。不同的人可以品出不同的茶滋味，即所谓"仁者见仁，智者见智"。最理想的境界就是将思想融化在日常生活当中。茶虽是普通日常饮品，真要品出其香、其味，是应该先修身、静心的。现采、现制、现煮的竹林品茗，历来是古代文人们的理想状态。

"品"字为三口，在饮茶中，一口是可以"荡昏寐"的，即可以涤烦，提神醒脑，将其药用效能发挥出来，这也是茶被古人发现所利用的最初的原因。二口是品其"色、香、味"。茶自身的诸多优点，品茶人在饮茶过程中可以欣赏茶的各项特征。三口是精神的升华，茶的静、俭、不失、高雅，是茶人所追求的精神目标，是陆羽的"精行俭德"最好的载体。

茶与人生

人的一生从出生到衰老这是生命的客观规律，品茶的过程中，品饮出的苦涩与甘甜正与这人生相同。品茶实际上成了参悟人生，加深对生命认知的过程。

少年

死

生

中年

孩童

病

老

老年

从"品"到"心悟"

"悟，觉也。"——《说文》悟，是由迷惑而明白，由模糊而认清，是对事物理解和分析的能力。茶的心悟，实际是以茶为载体，人在品饮过程中领会天地自然、人生百味。

精神升华，通过品茶达到修身养性的目的。

荡昏寐，提神醒脑，驱散烦愁。

色香味，茶的品质、香气、口感。

总结（2）

最终追求——天时，地利，人和

陆羽认为品茶的终极目标是追求"天时，地利，人和"。这不仅仅是饮茶的关键，三者的协调、统一已成为了当代社会各行各业所追求的目标。

● "天、地、人"三者关系

"天、地、人"的关系问题从古至今都是人们所关注的。三者到底谁最重要也就成了人们议论的话题。荀子曾经从农业生产的角度论述过天时、地利、人和的问题。但他并没有区分谁重要谁不重要，而是三者并重，缺一不可。孟子则主要是从军事方面来分析论述天时、地利、人和之间关系的，而且是观点鲜明："天时不如地利，地利不如人和。" 三者之中，"人和"是最重要的，起决定作用的因素，"地利"次之，"天时"又次之。这是与他重视人的主观能动性的一贯思想分不开的，同时，也是与他论述天时、地利、人和关系的目的分不开的。正是从强调"人和"的重要性出发，他得出了"得道者多助，失道者寡助"的结论。这就把问题从军事引向了政治，又回到了"仁政"话题。

现代人汲取古人的处世精华，将"天时、地利、人和"运用到社会的方方面面。并认为任何一项事物都要遵循三者相辅的客观规律，这样才能万事皆利。

● 茶中"天时"

陆羽将"造"列为茶有"九难"的第一项，这就属于"天时"，即自然特征、气候条件等因素。对于属于山茶科植物的茶树来说，其生物学特性是其首要的生命特征。赖以生存的大自然给了茶树诸多的养分与环境，"天时"的好坏直接影响到茶叶的品质，"九难"其后的各项其实都是以"造"的质量标准来最终衡量的。因此，"天时"对于茶叶生产来说是首要条件。

● 茶中"地利"

在茶叶生产与品饮中，"地利"其实与"天时"是可以并列的。地理位置、地形、气候条件等因素也直接影响到茶的品质。同样是一个地区，"背阴"、"向阳"，山坡、平川等不同的地形所出产的茶叶品质有天壤之别。这就是为什么陆羽要在《茶经》中专辟一章"二之具"来说明这些的原因了。

● 茶中"人和"

这里的"人和"有双重概念：一是指在"采、造、制"等茶叶生产程序中，人起到了执行与鉴别等作用；二是指在"品饮、茶事、典故"中，人又起到了传承茶文化，品茶论道、修身养性，从而追求一种人性的和谐、统一。

无往不利的"天时、地利、人和"

何为"天时、地利、人和"

"地利"是指山川险要，城池坚固等。

"天时"指士兵作战的时机、气候等。

"人和"则指人心所向，内部团结等。

茶事中的"天时、地利、人和"

"天时"是茶叶生产的重要条件。

"地利"直接影响到茶的品质。

"人和"是品茶论道，修身养性的前提。

附录1：

《茶经》原文

● 一之源

茶者，南方之嘉木也。一尺、二尺乃至数十尺。其巴山峡川，有两人合抱者，伐而掇之。其树如瓜芦，叶如栀子，花如白蔷薇，实如栟榈，茎如丁香，根如胡桃。（瓜芦木出广州，似茶，至苦涩。栟榈，蒲葵之属，其子似茶。胡桃与茶，根皆下孕，兆至瓦砾，苗木上抽）其字，或从草，或从木，或草木并。（从草，当作茶，其字出《开元文字音义》；从木，当作搽，其字出《本草》；草木并，作荼，其字出《尔雅》。）

其名，一曰茶，二曰槚，三曰蔎，四曰茗，五曰荈。（周公云：槚，苦茶。扬执戟云：蜀西南人谓茶曰蔎。郭弘农云：早取为茶，晚取为茗，或一曰荈耳。）

其地，上者生烂石，中者生栎壤（按：栎当从石为砾），下者生黄土。凡艺而不实，植而罕茂，法如种瓜。三岁可采。野者上，园者次；阳崖阴林，紫者上，绿者次；笋者上，牙者次；叶卷上，叶舒次。阴山坡谷者不堪采掇，性凝滞，结瘕疾。茶之为用，味至寒，为饮最宜精行俭德之人，若热渴、凝闷、脑疼、目涩、四支烦、百节不舒，聊四五啜，与醍醐、甘露抗衡也。采不时，造不精，杂以卉莽，饮之成疾。茶为累也，亦犹人参，上者生上党，中者生百济、新罗，下者生高丽。有生泽州、易州、幽州、檀州者，为药无效，况非此者！设服荠苨，使六疾不瘳。知人参为累，则茶累尽矣。

● 二之具

籝，一曰篮，一曰笼，一曰筥。以竹织之，受五升，或一斗、二斗、三斗者，茶人负以采茶也。

灶，无用突者，釜，用唇口者。

甑，或木或瓦，匪腰而泥，篮以箅之，篾以系之。始其蒸也，入乎箅，既其熟也，出乎箅。釜涸注于甑中，又以谷木枝三亚者制之，散所蒸牙笋并叶，畏流其膏。

杵臼，一曰碓，唯恒用者佳。

规，一曰模，一曰棬。以铁制之，或圆或方或花。

承，一曰台，一曰砧。以石为之，不然以槐、桑木半埋地中，遣无所摇动。

襜，一曰衣。以油绢或雨衫单服败者为之，又以襜置承上，又以规置襜上，以造茶也。茶成，举而易之。

芘莉，一曰籝子，一曰筹筤。以二小竹长三尺，躯二尺五寸，柄五寸，以篾织方眼，如圃人箩，阔二尺，以列茶也。

棨，一曰锥刀，柄以坚木为之，用穿茶也。

扑，一曰鞭。以竹为之，穿茶以解茶也。

焙，凿地深二尺，阔二尺五寸，长一丈，上作短墙，高二尺，泥之。

贯，削竹为之，长二尺五寸，以贯茶焙之。

棚，一曰栈，以木构于焙上，编木两层，高一尺，以焙茶也。茶之半干升下棚，全干升上棚。

穿，江东淮南剖竹为之，巴川峡山纫谷皮为之。江东以一斤为上穿，半斤为中穿，四两五两为小穿。峡中以一百二十斤为上，八十斤为中穿，五十斤为小穿。穿，旧作钗钏之"钏"字，或作贯串，今则不然。如磨、扇、弹、钻、缝五字，文以平声书之，义以去声呼之，其字以穿名之。

育，以木制之，以竹编之，以纸糊之，中有隔，上有覆，下有床，傍有门，掩一扇，中置一器，贮糖煨火，令煴煴然，江南梅雨时焚之以火。

● 三之造

凡采茶，在二月三月四月之间。茶之笋者生烂石沃土，长四五寸，若薇蕨始抽，凌露采焉。茶之牙者，发于丛薄之上，有三枝四枝五枝者，选其中枝颖拔者采焉，其日有雨不采，晴有云不采。晴采之，蒸之，捣之，拍之，焙之，穿之，封之，茶之干矣。茶有千万状，卤莽而言，如胡人靴者蹙缩然，犎牛臆者廉襜然，浮云出山者轮囷然，轻飚拂水者涵澹然，有如陶家之子罗，膏土以水澄泚之。又如新治地者，遇暴雨流潦之所经，此皆茶之精腴。有如竹箨者，枝干坚实，艰于蒸捣，故其形籭簁然；有如霜荷者，至叶凋沮，易其状貌，故厥状委萃然，此皆茶之瘠老者也。自采至于封七经目，自胡靴至于霜荷八等，或以光黑平正，言嘉者，斯鉴之下也；以皱黄坳垤言佳者，鉴之次也；若皆言嘉及皆言不嘉者，鉴之上也。何者？出膏者光，含膏者皱，宿制者则黑，日成者则黄，蒸压则平正，纵之则坳垤，此茶与草木叶一也，茶之否臧，存于口诀。

● 四之器

风炉：风炉以铜铁铸之，如古鼎形，厚三分，缘阔九分，令六分虚中，致其圬墁，凡三足。古文书二十一字，一足云"坎上巽下离于中"，一足云"体均五行去百疾"，一足云"圣唐灭胡明年铸"。其三足之间设三窗，底一窗，以为通飚漏烬之所，上并古文书六字：一窗之上书"伊公"二字，一窗之上书"羹陆"二字，一窗之上书"氏茶"二字，所谓"伊公羹陆氏茶"也。置墆臬于其内，设三格：其一格有翟焉，翟者，火禽也，画一卦曰离；其一格有彪焉，彪者，风兽也，画一卦曰巽；其一格有鱼焉，鱼者，水虫也，画一卦曰坎。巽主风，离主火，坎主水。风能兴火，火能熟水，故备其三卦焉。其饰以连葩、垂蔓、曲水、方文之类。其炉或锻铁为之，或运泥为之，其灰承作三足，铁柈台之。

筥：以竹织之，高一尺二寸，径阔七寸，或用藤作，木楦，如筥形，织之六出圆眼，其底、盖若利箧口铄之。

炭挝：炭挝以铁六棱制之，长一尺，锐上丰中，执细头，系一小镮，以饰挝也。若今之河陇军人木吾也，或作锤，或作斧，随其便也。

火筴：火筴一名箸，若常用者圆直一尺三寸，顶平截，无葱薹勾锁之属，以铁或熟铜制之。

镇：镇以生铁为之，今人有业冶者所谓急铁。其铁以耕刀之趄炼而铸之，内摸土而外摸沙。土滑于内，易其摩涤；沙涩于外，吸其炎焰。方其耳，以正令也；广其缘，以务远也；长其脐，以守中也。脐长则沸中，沸中则末易扬，末易扬则其味淳也。洪州以瓷为之，莱州以石为之，瓷与石皆雅器也，性非坚实，难可持久。用银为之，至洁，但涉于侈丽。雅则雅矣，洁亦洁矣，若用之恒而卒归于铁也。

交床：交床以十字交之，剜中令虚，以支镇也。

夹：夹以小青竹为之，长一尺二寸，令一寸有节，节巳上剖之，以炙茶也。彼竹之筱津润于火，假其香洁以益茶味，恐非林谷间莫之致。或用精铁熟铜之类，取其久也。

纸囊：纸囊以剡藤纸白厚者夹缝之，以贮所炙茶，使不泄其香也。

碾：碾以橘木为之，次以梨、桑、桐、柘为臼，内圆而外方。内圆备于运行也，外方制其倾危也。内容堕而外无余木，堕形如车轮，不辐而轴焉，长九寸，阔一寸七分，堕径三寸八分，中厚一寸，边厚半寸，轴中方而执圆，其拂末以鸟羽制之。

罗合：罗末以合盖贮之，以则置合中，用巨竹剖而屈之，以纱绢衣之，其合以竹节为之，或屈杉以漆之。高三寸，盖一寸，底二寸，口径四寸。

则：则以海贝蛎蛤之属，或以铜铁竹匕策之类。则者，量也，准也，度也。凡煮水一升，用末方寸匕。若好薄者减之，嗜浓者增之，故云则也。

水方：水方以椆、槐、楸、梓等合之，其里并外缝漆之，受一斗。

漉水囊：漉水囊若常用者，其格以生铜铸之，以备水湿，无有苔秽腥涩。意以熟铜苔秽、铁腥涩也。林栖谷隐者或用之竹木，木与竹非持久涉远之具，故用之生铜。其囊织青竹以卷之，裁碧缣以缝之，纽翠钿以缀之，又作绿油囊以贮之，圆径五寸，柄一寸五分。

瓢：瓢一曰牺杓，剖瓠为之，或刊木为之。晋舍人杜毓《荈赋》云："酌之以饱。"饱，瓢也，口阔胫薄柄短。永嘉中，馀姚人虞洪入瀑布山采茗，遇一道士云："吾丹丘子，祈子他日瓯牺之余乞相遗也。"牺，木杓也，今常用以梨木为之。

竹筴：竹筴或以桃、柳、蒲、葵木为之，或以柿心木为之，长一尺，银裹两头。

鹾簋：鹾簋以瓷为之，圆径四寸。若合形，或瓶或罍，贮盐花也。其揭竹制，长四寸一分，阔九分。揭，策也。

熟盂：熟盂以贮熟水，或瓷或砂，受二升。

碗：碗，越州上，鼎州次，婺州次，岳州上，寿州、洪州次。或者以邢州处越州上，殊为不然。若邢瓷类银，越瓷类玉，邢不如越一也；若邢瓷类雪，则越瓷类冰，邢不如越二也；邢瓷白而茶色丹，越瓷青而茶色绿，邢不如越三也。晋杜毓《荈赋》所谓器择陶拣，出自东瓯。瓯，越州也。瓯越上。口唇不卷，底卷而浅，受半升已下。越州瓷、岳瓷皆青，青则益茶，茶作白红之色。邢州瓷白，茶色红；寿州瓷黄，茶色紫；洪州瓷褐，茶色黑；悉不宜茶。

畚：畚以白蒲卷而编之，可贮碗十枚。或用筥，其纸帕，以剡纸夹缝令方，亦十之也。

札：札缉栟榈皮以茱萸木夹而缚之。或截竹束而管之，若巨笔形。

滓方：滓方以集诸滓，制如涤方，处五升。

涤方：涤方以贮涤洗之余，用楸木合之，制如水方，受八升。

巾：巾以绝为之，长二尺，作二枚，互用之以洁诸器。

具列：具列或作床，或作架，或纯木纯竹而制之，或木法竹黄黑可扃而漆者，长三尺，阔二尺，高六寸，具列者悉敛诸器物，悉以陈列也。

都篮：都篮以悉设诸器而名之。以竹篾内作三角方眼，外以双篾阔者经之，以单篾纤者缚之，递压双经作方眼，使玲珑。高一尺五寸，底阔一尺，高二寸，长二尺四寸，阔二尺。

● 五之煮

凡炙茶，慎勿于风烬间炙，熛焰如钻，使炎凉不均。持以逼火，屡其翻正，候炮出培塿状，虾蟆背，然后去火五寸，卷而舒则本其始，又炙之。若火干者，以气熟止；日干者，以柔止。其始若茶之至嫩者，茶罢热捣叶烂而牙笋存焉。假以力者，持千钧杵亦不之烂，如漆科珠，壮士接之不能驻其指，及就则似无禳骨也。炙之，则其节若倪，倪如婴儿之臂耳。既而承热用纸囊贮之，精华之气无所散越。候寒末之。其火用炭，次用劲薪。其炭曾经燔炙，为膻腻所及，及膏木败器不用之。古人有劳薪之味，信哉！其水，用山水上，江水中，井水下。其山水，拣乳泉石池慢流者上，其瀑涌湍漱勿食之，久食令人有颈疾。又多别流于山谷者，澄浸不泄，自火天至霜郊以前，或潜龙畜毒于其间，饮者可决之以流其恶，使新泉涓涓然酌之。其江水，取去人远者。井取汲多者。其沸如鱼目，微有声为一沸，缘边如涌泉连珠为二沸，腾波鼓浪为三沸，已上水老不可食也。初沸则水合量，调之以盐味，谓弃其啜余，无乃而钟其一味乎？第二沸出水一瓢，以竹筴环激汤心，则量末当中心而下，有顷势若奔涛溅沫，以所出水止之，而育其华也。凡酌置诸碗，令沫饽均。沫饽，汤之华也。华之薄者曰沫，厚者曰饽，细轻者曰花，如枣花漂漂然于环池之上。又如回潭曲渚，青萍之始生；又如晴天爽朗，有浮云鳞然。其沫者，若绿钱浮于水湄，又如菊英堕于樽俎之中。饽者以滓煮之。及沸则重华累沫，皤然若积雪耳。《荈赋》所谓"焕如积雪，烨若春藪"，有之。第一煮水沸，而弃其沫上之，有水膜如黑云母，饮之则其味不正。其第一者为隽永，或留熟盂以贮之，以备育华救沸之用。诸第一与第二第三碗，次之第四第五碗，外非渴甚莫之饮。凡煮水一升，酌分五碗，乘热连饮之，以重浊凝其下，精英浮其上。如冷则精英随气而竭，饮啜不消亦然矣。茶性俭，不宜广，则其味黯澹，且如一满碗，啜半而味寡，况其广乎！其色缃也，其馨䭫也。其味甘槚也；不甘而苦，荈也；啜苦咽甘，茶也。

● 六之饮

翼而飞，毛而走，去而言，此三者俱生于天地间。饮啄以活，饮之时，义远矣哉。至若救渴，饮之以浆；蠲忧忿，饮之以酒；荡昏寐，饮之以茶。茶之为饮，发乎神农氏，闻于鲁周公，齐有晏婴，汉有扬雄、司马相如，吴有韦曜，晋有刘琨、张载远、祖纳、谢安、左思之徒，皆饮焉。滂时浸俗，盛于国朝，两都并荆俞间，以为比屋之饮。饮有粗茶、散茶、末茶、饼茶者，乃斫，乃熬，乃炀，乃舂，贮于瓶缶之中，以汤沃焉，谓之茶。或用葱、姜、枣、橘皮、茱萸、薄荷之等，煮之百沸，或扬令滑，或煮去沫，斯沟渠间弃水耳，而习俗不已。於戏！天育万物皆有至妙，人之所工，但猎浅易。所庇者屋屋精极，所着者衣衣精极，所饱者饮食，食与酒皆精极之。茶有九难：一曰造，二曰别，三曰器，四曰火，五曰水，六曰炙，七曰末，八曰煮，九曰饮。阴采夜焙非造也，嚼味嗅香非别也，膻鼎腥瓯非器也，膏薪庖炭非火也，飞湍壅潦非水也，外熟内生非炙也，碧粉缥尘非末也，操艰搅遽非煮也，夏兴冬废非饮也。夫珍鲜馥烈者，其碗数三；次之者，碗数五。若坐客数至五，行三碗，至七行五碗。若六人已下，不约碗数，但阙一人而已，其隽永补所阙人。

● 七之事

三皇炎帝神农氏。周鲁周公旦。齐相晏婴。汉仙人丹丘子。黄山君。司马文园令相如。杨执戟雄。吴归命侯。韦太傅弘嗣。晋惠帝。刘司空琨。琨兄子兖州刺史演。张黄门孟阳。傅司隶咸。江洗马充。孙参军楚。左记室太冲。陆吴兴纳。纳兄子会稽内史俶。谢冠军安石。郭弘农璞。桓扬州温。杜舍人毓。武康小山寺释法瑶。沛国夏侯恺。馀姚虞洪。北地傅巽。丹阳弘君举。安任育。宣城秦精。敦煌单道开。剡县陈务妻。广陵老姥。河内山谦之。后魏琅琊王肃。宋新安王子鸾。鸾弟豫章王子尚。鲍昭妹令晖。八公山沙门谭济。齐世祖武帝。梁刘廷尉。陶先生弘景。皇朝徐英公勣。

《神农·食经》："茶茗久服，令人有力、悦志。"

周公《尔雅》："槚，苦荼。"

《广雅》云："荆巴间采叶作饼，叶老者饼成，以米膏出之，欲煮茗饮，先炙，令赤色，捣末置瓷器中，以汤浇覆之，用葱、姜、橘子芼之，其饮醒酒，令人不眠。"

《晏子春秋》："婴相齐景公时，食脱粟之饭，炙三戈五卯茗菜而已。"

司马相如《凡将篇》："乌啄桔梗芫华，款冬贝母木蘖蒌，苓草芍药桂漏芦，蜚廉雚菌荈诧，白敛白芷菖蒲，芒消莞椒茱萸。"

《方言》："蜀西南人谓茶曰蔎。"

《吴志·韦曜传》："孙皓每飨宴，坐席无不率以七胜为限。虽不尽入口，皆浇灌取尽，曜饮酒不过二升，皓初礼异，密赐茶荈以代酒。"

《晋中兴书》："陆纳为吴兴太守，时卫将军谢安常欲诣纳，纳兄子俶怪纳，无所备，不敢问之，乃私蓄十数人馔。安既至，所设唯茶果而已。俶遂陈盛馔，珍羞必具，及安去，纳杖俶四十，云：'汝既不能光益叔父，奈何秽吾素业？'"

《晋书》："桓温为扬州牧，性俭，每燕饮，唯下七奠，柈茶果而已。"

《搜神记》："夏侯恺因疾死，宗人字苟奴，察见鬼神，见恺来收马，并病其妻，著平上帻单衣入，坐生时西壁大床，就人觅茶饮。"

刘琨《与兄子南兖州刺史演书》云："前得安州干姜一斤、桂一斤、黄芩一斤，皆所须也，吾体中溃闷，常仰真茶，汝可置之。"

傅咸《司隶教》曰："闻南方有以困蜀妪作茶粥卖，为廉事打破其器具。又卖饼于市，而禁茶粥以蜀姥何哉！"

《神异记》："馀姚人虞洪入山采茗，遇一道士牵三青牛，引洪至瀑布山曰：'予丹丘子也。闻子善具饮，常思见惠。山中有大茗可以相给，祈子他日有瓯牺之余，乞相遗也。'因立奠祀。后常令家人入山，获大茗焉。"

左思《娇女诗》："吾家有娇女，皎皎颇白皙。小字为纨素，口齿自清历。有姊字惠芳，眉目粲如画。驰鹜翔园林，果下皆生摘。贪华风雨中，倏忽数百适。心为茶荈剧，吹嘘对鼎䤫。"

张孟阳《登成都楼诗》云："借问杨子舍，想见长卿庐。程卓累千金，骄侈拟五侯。门有连骑客，翠带腰吴钩。鼎食随时进，百和妙且殊。披林采秋橘，临江钓春鱼。黑子过龙醢，果馔逾蟹蝑。芳茶冠六情，溢味播九区。人生苟安乐，兹土聊可娱。"

傅巽《七海》："蒲桃、宛柰、齐柿、燕栗、峘阳黄梨、巫山朱橘、南中茶子、西极石蜜。”

弘君举《食檄》：寒温既毕，应下霜华之茗，三爵而终，应下诸蔗、木瓜、元李、杨梅、五味橄榄、悬豹、葵羹各一杯。

孙楚《歌》：'茱萸出芳树颠，鲤鱼出洛水泉，白盐出河东，美豉出鲁渊。姜桂茶荈出巴蜀，椒橘、木兰出高山，蓼苏出沟渠，精稗出中田。'

华佗《食论》："苦荼久食益意思。"

壶居士《食忌》："苦荼久食羽化。与韭同食，令人体重。"

郭璞《尔雅注》云："树小似栀子，冬生叶，可煮羹饮，今呼早取为荼，晚取为茗，或一曰荈，蜀人名之苦荼。"

《世说》："任瞻字育长，少时有令名。自过江失志，既下饮，问人云：'此为荼为茗？'觉人有怪色，乃自分明云：'向问饮为热为冷？'"

《续搜神记·晋武帝》："宣城人秦精，常入武昌山采茗，遇一毛人长丈余，引精至山下，示以丛茗而去。俄而复还，乃探怀中橘以遗精，精怖，负茗而归。"

《晋四王起事》：惠帝蒙尘，还洛阳，黄门以瓦盂盛茶上至尊。"

《异荈》："剡县陈务妻少，与二子寡居，好饮茶茗。以宅中有古冢，每饮，辄先祀之。二子患之曰：'古冢何知？徒以劳。'意欲掘去之，母苦禁而止。其夜梦一人云：吾止此冢三百余年，卿二子恒欲见毁，赖相保护，又享吾佳茗，虽潜壤朽骨，岂忘翳桑之报。及晓，于庭中获钱十万，似久埋者，但贯新耳。母告，二子惭之，从是祷馈愈甚。"

《广陵耆老传》："晋元帝时有老姥，每旦独提一器茗，往市鬻之，市人竞买，自旦至夕，其器不减，所得钱散路傍孤贫乞人。人或异之，州法曹絷之狱中，至夜，老姥执所鬻茗器，从狱牖中飞出。"

《艺术传》："敦煌人单道开不畏寒暑，常服小石子。所服药有松桂蜜之气，所饮茶苏而已。"

释道该说《续名僧传》："宋释法瑶，姓杨氏，河东人，永嘉中过江，遇沈台真，请真君武康小山寺，年垂悬车，饭所饮茶，永明中敕吴兴礼致上京，年七十九。"

宋《江氏家传》："江统字应迁，愍怀太子洗马，常上疏谏云：'今西园卖醯面蓝子菜茶之属，亏败国体。'"

《宋录》："新安王子鸾、豫章王子尚，诣昙济道人于八公山，道人设茶茗，子尚味之曰：此甘露也，何言茶茗。"

王微《杂诗》："寂寂掩高阁，寥寥空广厦。待君竟不归，收领今就槚。"

鲍昭妹令晖著《香茗赋》。

南齐世祖武皇帝《遗诏》："我灵座上，慎勿以牲为祭，但设饼果、茶饮、乾饭、酒脯而已。"

梁刘孝绰《谢晋安王饷米等启》："传诏：李孟孙宣教旨，垂赐米、酒、瓜、笋、菹、脯、酢、茗八种，气苾新城，味芳云松。江潭抽节，迈昌荇之珍；疆场擢翘，越茸精之美。羞非纯束野麏，裛似雪之驴；鲊异陶瓶河鲤，操如琼之粲。茗同食粲酢，颜望楫免，千里宿舂，省三月种聚。小人怀惠，大懿难忘。"

陶弘景《杂录》："苦茶轻换膏，昔丹丘子青山君服之。"

《后魏录》："琅琊王肃仕南朝，好茗饮莼羹。及还北地，又好羊肉酪浆，人或问之：茗何如酪？肃曰：茗不堪与酪为奴。"

《桐君录》："西阳武昌庐江昔陵好茗，皆东人作清茗。茗有饽，饮之宜人。凡可饮之物，皆多取其叶，天门冬、拔揳取根，皆益人。又巴东别有真茗茶，煎饮令人不眠。俗中多煮檀叶，并大皂李作茶，并冷。又南方有瓜芦木，亦似茗，至苦涩，取为屑茶饮，亦可通夜不眠。煮盐人但资此饮，而交广最重，客来先设，乃加以香芼辈。"

《坤元录》："辰州溆浦县西北三百五十里无射山，云蛮俗当吉庆之时，亲族集会，歌舞于山上，山多茶树。"

《括地图》："临遂县东一百四十里有茶溪。"

山谦之《吴兴记》："乌程县西二十里有温山，出御荈。"

《夷陵图经》："黄牛、荆门、女观、望州等山，茶茗出焉。"

《永嘉图经》："永嘉县东三百里有白茶山。"

《淮阴图经》："山阳县南二十里有茶坡。"

《茶陵图经》云："茶陵者，所谓陵谷，生茶茗焉。"

《本草·木部》："茗，苦茶，味甘苦，微寒，无毒，主瘘疮，利小便，去痰渴热，令人少睡。秋采之苦，主下气消食。注云：春采之。"

《本草·菜部》："苦茶，一名茶，一名选，一名游冬。生益州川谷山陵道傍，凌冬不死。三月三日采干。注云：疑此即是今茶，一名茶，令人不眠。《本草注》：按，《诗》云：'谁谓茶苦'，又云'堇茶如饴'，皆苦菜也。陶谓之苦茶，木类，非菜流。茗，春采谓之苦茶。"

《枕中方》："疗积年瘘，苦茶、蜈蚣并炙，令香熟，等分捣筛，煮甘草汤洗，以末傅之。"

《孺子方》："疗小儿无故惊蹶，以苦茶葱须煮服之。"

● 八之出

山南以峡州上，襄州、荆州次，衡州下，金州、梁州又下。

淮南以光州上，义阳郡、舒州次，寿州下，蕲州、黄州又下。

浙西以湖州上，常州次，宣州、杭州、睦州、歙州下，润州、苏州又下。

剑南以彭州上，绵州、蜀州次，邛州次，雅州、泸州下，眉州、汉州又下。

浙东以越州上，明州、婺州次，台州下。

黔中生思州、播州、费州、夷州。江南生鄂州、袁州、吉州。岭南生福州、建州、韶州、象州。其思、播、费、夷、鄂、袁、吉、福、建、泉、韶、象十一州未详。往往得之，其味极佳。

● 九之略

其造具，若方春禁火之时，于野寺山园丛手而掇，乃蒸，乃舂，乃以火乾之，则又棨、朴、焙、贯、棚、穿、育等七事皆废。其煮器，若松间石上可坐，则具列废；用槁薪鼎𬬻之属，则风炉、灰承、炭挝、火筴、交床等废；若瞰泉临涧，则水方、涤方、漉水囊废。若五人已下，茶可末而精者，则罗废；若援藟跻嵒，引絙入洞，于山口炙而末之，或纸包合贮，则碾、拂末等废；既瓢、碗、筴、札、熟盂、醝簋悉以一筥盛之，则都篮废。但城邑之中，王公之门，二十四器阙一则茶废矣！

● 十之图

以绢素或四幅或六幅，分布写之，陈诸座隅，则茶之源、之具、之造、之器、之煮、之饮、之事、之出、之略，目击而存，于是《茶经》之始终备焉。

黑龙江

吉林

辽宁

新疆维吾尔自治区

内蒙古自治区

北京　天津

河北

宁夏回族自治区

山西

山东

青海

甘肃

陕西

河南

江苏

安徽

上海

湖北

浙江

西藏自治区

四川

重庆

江西

福建

湖南

贵州

台湾

中国绿茶分布区图

云南

广西壮族自治区

广东

香港特别行政区

澳门特别行政区

海南

南沙群岛

绿茶

　　绿茶属于"不发酵"茶，是基本茶类之一。其干茶、汤色、叶底均呈现绿色，故名"绿茶"。绿茶是我国历史上出现的最早的茶类，目前全国生产的茶叶当中有70%是绿茶，每年数量在50万吨以上。以国内销售为主，部分供应出口。

　　根据茶叶制作工艺的方式不同，可分为炒青绿茶、烘青绿茶、晒青绿茶、蒸青绿茶、半烘半炒绿茶五大类。中国几乎各省均产绿茶，而以浙江、安徽、湖北、湖南、江西、江苏、贵州为最多。

　　绿茶品质特征是造型美、色泽绿润、茶味鲜爽。

西湖龙井　　鲜嫩馥郁　甘鲜醇厚

干茶 扁平光滑 挺直尖削

茶汤 碧绿明亮

叶底 成朵匀齐

特征

形　状：扁平光滑，挺直尖削		**最宜茶具**：玻璃茶杯	
茶　色：翠绿色光润		**沏泡方法**：水温85℃左右，冲泡1分钟后揭开茶杯盖	
茶　香：馥郁清香		**最佳产地**：浙江省杭州市西湖风景名胜区	
茶　味：味醇甘鲜		（原西湖区西湖乡）	

杭州市
浙江省

狮峰龙井　　鲜嫩馥郁　甘鲜醇厚

干茶 扁平挺直

茶汤 碧绿明亮

叶底 嫩匀成朵

特征

形　状：扁平挺直、匀齐光滑		**最宜茶具**：玻璃茶杯	
茶　色：嫩绿呈宝光色		**沏泡方法**：水温85℃左右，冲泡1～3分钟	
茶　香：鲜嫩馥郁、清高持久		**最佳产地**：浙江省杭州市龙井村狮峰山、翁家山、满	
茶　味：甘鲜醇厚		觉垄、杨梅岭等地。	

杭州市
浙江省

钱塘龙井　　碧绿晶莹　幽雅清高

干茶 形似碗钉　　　　**茶汤** 嫩绿清澈　　　　**叶底** 细嫩成朵

特征

杭州市
浙江省

形　状：扁平光润、挺直尖削	最宜茶具：玻璃杯、瓷器
茶　色：色翠略黄、似糙米色	沏泡方法：用80℃～85℃的开水，冲泡1～3分钟
茶　香：幽雅清高、栗香显	最佳产地：浙江省钱塘龙井千岛湖产区
茶　味：甘鲜醇和	

大佛龙井　　兰花嫩香　鲜醇甘爽

干茶 扁平挺直　　　　**茶汤** 杏绿明亮　　　　**叶底** 细嫩成朵

特征

绍兴市
浙江省

形　状：扁平光润、挺直尖削	最宜茶具：玻璃杯、瓷器
茶　色：色翠略黄、似糙米色	沏泡方法：用80℃～85℃的开水，冲泡1～3分钟
茶　香：幽雅清高、栗香显	最佳产地：浙江省钱塘龙井千岛湖产区
茶　味：甘鲜醇和	

越乡龙井　清香扑鼻　鲜美浓爽

干茶 挺直匀整

茶汤 明亮清澈

叶底 细嫩成朵

特征

嵊州市
浙江省

形　状：	扁平挺直	最宜茶具：	玻璃杯
茶　色：	绿润匀整	沏泡方法：	水温在80℃～85℃为宜，
茶　香：	嫩香持久		冲泡的时间以3分钟为最好
茶　味：	鲜美清爽，浓而不苦	最佳产地：	浙江省嵊州市

扁形白茶　莹薄透明　香味独特

干茶 剑叶如旗

茶汤 杏黄绿碧清

叶底 玉白成朵

特征

杭州市
浙江省

形　状：	条直显芽、芽壮匀整	最宜茶具：	玻璃杯
茶　色：	嫩黄绿润	沏泡方法：	用85℃～90℃左右开水冲泡三分钟，
茶　香：	鲜嫩香持久		切勿加盖
茶　味：	滋味鲜爽，甘味生津	最佳产地：	浙江省杭州市天目山北麓地区

千岛玉叶　清高持久　醇厚鲜爽

干茶 扁平挺直

茶汤 嫩绿明亮

叶底 匀齐成朵

特征

形　状：扁平挺直、白毫微显		最宜茶具：玻璃杯	
茶　色：深翠绿色		沏泡方法：水温85℃左右，时间1~3分钟	
茶　香：清高持久		最佳产地：浙江省杭州市淳安县千岛湖畔清溪一带	
茶　味：醇厚鲜爽			

杭州市
浙江省

建德苞茶　含苞欲放　嫩香味甘

干茶 芽叶成朵

茶汤 清澈明亮

叶底 嫩匀成朵

特征

形　状：芽叶成朵、形似兰花		适宜茶具：玻璃杯、白瓷杯	
茶　色：嫩绿显毫		沏泡方法：水温85℃~90℃，冲泡1~2分钟	
茶　香：嫩香持久		最佳产地：浙江省杭州市建德县	
茶　味：醇厚回甘			

杭州市
浙江省

惠明茶　　香高持久　甘醇鲜爽

干茶 纤秀细紧

茶汤 清澈明亮

叶底 嫩绿明亮

特征

形　　状：纤秀细紧、略弯曲	**最宜茶具**：玻璃杯	
茶　　色：翠绿色	**沏泡方法**：水温85℃左右，冲泡1～3分钟	
茶　　香：香高持久	**最佳产地**：浙江省丽水市景宁县敕木山惠明寺周围	
茶　　味：甘醇鲜爽		

浙江省
丽水市

仙都笋峰　　洞天之地　仙都佳茗

干茶 挺直扁平

茶汤 嫩绿明亮

叶底 肥嫩成朵

特征

形　　状：挺直扁平	**最宜茶具**：玻璃杯
茶　　色：翠绿油润	**最佳产地**：浙江省丽水市缙云县
茶　　香：高鲜持久	
茶　　味：鲜醇浓厚	

浙江省
丽水市

松阳银猴　　形似猴爪　风格独特

干茶 壮实卷曲

茶汤 绿明清澈

叶底 黄绿明亮

特征

浙江省
丽水市

形　　状：形似猴爪、壮实卷曲	最宜茶具：玻璃杯、瓷杯
茶　　色：翠绿色	沏泡方法：水温75℃～85℃，时间1～3分钟
茶　　香：浓郁持久	最佳产地：浙江省丽水市松阳县瓯江上游古市区一带
茶　　味：浓鲜甘爽	

武阳春雨　　扁平光滑　甘醇鲜爽

干茶 光滑挺秀

茶汤 浅绿明亮

叶底 肥嫩匀齐

特征

金华市
浙江省

形　　状：扁削挺秀、光滑	最宜茶具：玻璃杯
茶　　色：绿润	沏泡方法：水温80℃左右，冲泡1分钟左右
茶　　香：高爽清鲜	最佳产地：浙江省金华市武义县九龙山一带
茶　　味：甘醇鲜爽	

泰顺三杯香 香高味醇 余香犹存

干茶 紧细纤秀

茶汤 清澈明亮

叶底 嫩匀黄绿

特 征

浙江省
温州市

形　　状：纤秀紧细、锋苗显露	最宜茶具：玻璃茶杯
茶　　色：绿润	沏泡方法：水温85℃左右，冲泡1分钟左右
茶　　香：清香持久	最佳产地：浙江温州市泰顺县
茶　　味：浓厚甘爽	

开化龙顶 形美质优 钱江一绝

干茶 外形紧直

茶汤 嫩绿清澈

叶底 嫩匀成朵

特 征

浙江省
衢州市

形　　状：外形紧直、芽锋显露	最宜茶具：玻璃杯
茶　　色：翠绿色	沏泡方法：水温在80℃左右，冲沏2～3分钟
茶　　香：馥郁持久	最佳产地：浙江省衢州市开化县齐溪镇大龙村
茶　　味：鲜爽回甘	

南京雨花茶 浓郁高雅　鲜醇爽口

干茶 形似松针　　**茶汤** 绿而清澈　　**叶底** 嫩匀明亮

江苏省
●南京市

特征

形　状：形似松针， 　　　　条索紧细圆直	茶　味：鲜醇爽口
茶　色：墨绿色	最宜茶具：玻璃杯
	沏泡方法：水温85℃~90℃，冲泡1~3分钟
茶　香：浓郁高雅	最佳产地：江苏南京市郊及周边各县

洞庭碧螺春 形美色艳　香浓味醇

干茶 条索纤细 卷曲成螺　　**茶汤** 嫩绿清澈　　**叶底** 嫩绿柔匀

江苏省
●苏州市

特征

形　状：条索纤细，卷曲成螺	最宜茶具：直筒玻璃杯
茶　色：银绿隐翠	沏泡方法：先冲开水后放茶，或用70℃~80℃ 　　　　　开水冲泡。
茶　香：嫩香芬芳，有花果香	
茶　味：鲜醇甘厚	最佳产地：江苏省苏州市吴中区太湖洞庭山

溧阳翠柏　香气雅致　亮如琥珀

干茶 条索扁直　　茶汤 清澈明亮　　叶底 嫩绿成朵

江苏省
常州市

特征			
形　　状：形似翠柏，条索扁直		最宜茶具：玻璃茶杯	
茶　　色：翠绿		沏泡方法：水温85℃～90℃，冲泡1～3分钟	
茶　　香：清香持久		最佳产地：江苏省常州市溧阳	
茶　　味：鲜爽醇厚			

沙河桂茗　扁平苗秀　秀气高雅

干茶 扁平挺直　　茶汤 清澈明亮　　叶底 嫩匀成朵

江苏省
溧阳市

特征			
形　　状：扁平挺直		最宜茶具：玻璃茶具	
茶　　色：绿润显毫		沏泡方法：水温在85℃～95℃，时间1分钟左右	
茶　　香：高雅持久		最佳产地：江苏溧阳天目湖湖畔的桂林茶场及沿岸丘	
茶　　味：甘醇鲜爽		陵山区	

泰顺云雾茶   嫩绿油润　浓醇味甘

干茶 条索紧直　　**茶汤** 清澈明亮　　**叶底** 嫩匀绿亮

特征

形　　状：条索紧细	最宜茶具：玻璃杯
茶　　色：嫩绿	冲泡方法：水温在85℃左右，时间1分钟左右
茶　　香：清香持久	最佳产地：浙江省南部泰顺县
茶　　味：浓醇爽甘	

江苏省
南京市

无锡毫茶   清香持久　醇和清鲜

干茶 肥壮卷曲　　**茶汤** 色绿明亮　　**叶底** 嫩肥明亮

特征

形　　状：肥壮卷曲、满披茸毫	适宜茶具：玻璃杯、盖碗等
茶　　色：翠绿色	冲泡方法：水温在80℃左右，时间3分钟左右
茶　　香：清香持久	最佳产地：江苏省无锡市郊区
茶　　味：醇和清鲜	

江苏省
无锡市

太湖翠竹　形似竹叶　翠绿油润

干茶 扁平似竹叶

茶汤 清澈明亮

叶底 嫩绿匀整

特征

江苏省
无锡市

形　状：扁平似竹叶	最宜茶具：玻璃茶具
茶　色：翠绿油润	冲泡方法：水温在85℃～95℃，时间1分钟左右
茶　香：清香持久	最佳产地：江苏省无锡市八士镇山林茶果场、
茶　味：鲜醇爽口	雪浪镇向阳林场等

金山翠芽　嫩香持久　鲜醇回甘

干茶 条索扁平

茶汤 嫩绿明亮

叶底 干净匀亮

特征

江苏省
镇江市

形　状：条索扁平、挺削匀整	适宜茶具：玻璃杯、盖碗
茶　色：翠绿色	冲泡方法：水温75℃～85℃，冲泡1～2分钟
茶　香：嫩香持久	最佳产地：江苏省镇江市
茶　味：鲜醇回甘	

茅山青峰　　扁平挺秀　高爽清鲜

干茶 光滑挺秀

茶汤 清澈明亮

叶底 匀齐完整

江苏省
金坛市

特 征

形　　状：光滑挺秀、平整		**最宜茶具**：玻璃杯	
茶　　色：绿润		**沏泡方法**：水温80℃左右，冲泡1分钟左右	
茶　　香：高爽清鲜		**最佳产地**：江苏省茅麓茶场	
茶　　味：鲜醇甘厚			

阳羡雪芽　　香气清雅　滋味鲜醇

干茶 紧细匀直

茶汤 清澈明亮

叶底 嫩匀完整

江苏省
宜兴市

特 征

形　　状：紧直匀细		**最宜茶具**：玻璃茶具	
茶　　色：翠绿色，显毫		**沏泡方法**：水温在85℃～95℃，时间1分钟左右	
茶　　香：香气清雅		**最佳产地**：江苏省宜兴市阳羡	
茶　　味：鲜醇爽口			

宝华玉笋　挺直翠绿　清鲜持久

干茶 挺直紧结

茶汤 浅绿明亮

叶底 嫩绿匀齐

特征

形　状：挺直紧结	最宜茶具：玻璃茶杯	
茶　色：翠绿色	沏泡方法：水温85℃～95℃，冲泡1分钟左右	
茶　香：清鲜持久	最佳产地：江苏省句容市宝华山国家森林公园	
茶　味：鲜醇爽口		

江苏省 句容市

六安瓜片　清香高爽　鲜醇回甘

干茶 瓜子片形

茶汤 浓绿透亮

叶底 绿嫩鲜活

特征

形　状：形似瓜子、单片背卷	适宜茶具：陶瓷、玻璃茶具	
茶　色：宝绿色	沏泡方法：水温一般为85℃左右	
茶　香：清香高爽	最佳产地：安徽省六安市	
茶　味：鲜醇回甘		

安徽省 六安市

太平猴魁　幽香扑鼻　醇香爽口

干茶 扁展挺直、魁伟壮实　　**茶汤** 清绿明净　　**叶底** 嫩绿匀亮

特征

安徽省
黄山市

形　状：	扁展挺直、魁伟壮实 白毫隐伏	茶　味：	清鲜甘爽
		最宜茶具：	高杯玻璃杯、紫砂壶
茶　色：	苍绿色	沏泡方法：	水温90℃左右，1～3分钟
茶　香：	香气高爽	最佳产地：	安徽省黄山市黄山区猴坑一带

顶谷大方　清高持久　醇厚鲜爽

干茶 扁平匀齐　　**茶汤** 清澈微黄　　**叶底** 嫩匀肥壮

特征

安徽省
黄山市

形　状：	扁平肥壮、光滑匀齐	最宜茶具：	玻璃杯
茶　色：	翠绿微黄	沏泡方法：	水温80℃～85℃，时间冲泡 1～2分钟
茶　香：	香气高长，有板栗香	最佳产地：	安徽省黄山市歙县东北部浙皖
茶　味：	醇厚爽口		交界的昱岭关附近

休宁松萝   香气高爽   浓厚回甘

干茶 紧卷匀壮   **茶汤** 黄绿明亮   **叶底** 嫩绿柔软

特征

安徽省
松萝山

形　　状：条索紧卷、锋苗显露	茶　　味：浓厚回甘
茶　　色：绿润	最宜茶具：玻璃杯
茶　　香：香气高爽，	沏泡方法：水温80℃左右，冲泡3分钟左右
带有橄榄的香味	最佳产地：安徽黄山市休宁城北松萝山

黄山毛峰   鱼叶金黄   色如象牙

干茶 条索肥状   **茶汤** 清澈明亮   **叶底** 嫩黄柔软

特征

安徽省
休宁
黄山

形　　状：条索肥壮、形似"雀舌"	最宜茶具：玻璃茶杯、带托茶碗、紫砂茶具
茶　　色：嫩绿带黄	沏泡方法：水温85℃～90℃，冲泡时间一般为
茶　　香：清香高长	3～10分钟
茶　　味：鲜醇甘甜	最佳产地：安徽省黄山、休宁

都匀毛尖　三绿三黄　风格独特

干茶 条索紧结　　　　**茶汤** 绿中透黄　　　　**叶底** 嫩绿匀亮

贵州省
●都匀市

特 征

形　状：纤细卷曲、白毫密布	最宜茶具：玻璃杯
茶　色：银绿带黄	沏泡方法：水温80℃～85℃，冲泡1～3分钟
茶　香：香气清嫩	最佳产地：贵州省都匀市团山一带
茶　味：浓醇鲜爽	

信阳毛尖　细圆紧直　风格独特

干茶 光滑整齐　　　　**茶汤** 明亮清澈　　　　**叶底** 嫩绿均匀

河南省
信阳市

特 征

形　状：细紧圆直、锋苗显露	最宜茶具：玻璃杯
茶　色：银绿翠润、白毫遍布	沏泡方法：水温一般为85℃左右，冲泡2分钟左右
茶　香：鲜嫩高爽	最佳产地：河南省南部大别山区的信阳市
茶　味：浓醇回甘	

贡羽茶　紧细匀直　馥郁鲜爽

干茶 紧细匀直　　**茶汤** 绿明清澈　　**叶底** 嫩绿匀齐

特征

湖北省
●恩施市

形　　状：条索紧细、匀直	**最宜茶具**：玻璃杯	
茶　　色：翠绿色	**沏泡方法**：水温75℃～85℃，冲泡1分钟左右	
茶　　香：清香馥郁	**最佳产地**：湖北省恩施、宣恩	
茶　　味：鲜爽回甘		

武当道茶　独特道茶　养身养性

干茶 紧细多毫　　**茶汤** 清澈明亮　　**叶底** 完整细嫩

十堰市
湖北省

特征

形　　状：条索紧细、多毫	**最宜茶具**：玻璃杯	
茶　　色：绿润	**沏泡方法**：水温85℃左右，冲泡1分钟左右	
茶　　香：香高持久	**最佳产地**：湖北省十堰市丹江口境内的武当山	
茶　　味：醇和甜润		

庐山云雾茶　芬芳高长　浓醇鲜甘

干茶 紧结重实

茶汤 清澈明亮

叶底 嫩绿微黄

特征

形　　状：条索紧结重实、饱满秀丽	茶　　味：浓醇鲜甘
	最宜茶具：玻璃杯
茶　　色：翠绿色	沏泡方法：水温为75℃～85℃
茶　　香：芬芳高长	最佳产地：江西省九江市庐山含鄱口仙人洞等地

九江市
江西省

蒙顶甘露　清幽淡雅　鲜爽醇厚

干茶 形状纤细

茶汤 清澈明亮

叶底 鲜嫩匀整

特征

形　　状：形状纤细、紧卷多毫	适宜茶具：玻璃杯、白瓷碗等
茶　　色：嫩绿色	沏泡方法：水温85℃左右，时间约为3分钟
茶　　香：芬芳馥郁	最佳产地：四川邛崃山脉之中的蒙山
茶　　味：甘醇鲜爽	

四川省
蒙山

中国红茶分布区图

红茶

红茶是发酵茶，选取适宜的茶树新芽叶为原料，经过萎凋，揉捻发酵，干燥等典型工艺过程精制而成。因其干茶色泽和冲泡的茶汤以色为主调，故名"红茶"。成熟期采摘下来的茶树嫩枝芽叶，经过凋，揉捻，发酵和烘干制成的成品，即为红茶，是全世界人民最普遍喜爱的饮料之一，是生产、销售数量最多的一个茶类。

红茶以其制作方法不同可分为三类：一是工夫茶，这类茶叶呈条形，细长有锋苗，滋味醇和，叶底较完整。另一类是红碎茶，外形细碎，茶汤红亮，滋味浓强鲜爽，富有刺激性。是国际市场上占数量最多的茶类。红碎茶按其外形不同可分为叶茶、碎茶、片茶、末茶等。第三类是福建所产的小叶种工夫红茶，茶叶品质优异，经特殊加工带有烟味，称为小种红茶。

我国生产红茶的省区有云南、四川、湖南、广东、广西、福建、安徽、江苏、浙江、江西、湖北、贵州和台湾地区。

祁门工夫　　细紧挺秀　鲜嫩馥郁

干茶 条索细紧挺秀

茶汤 红艳明亮

叶底 嫩软红亮

特 征

安徽省
祁门县

形　　状：	条索细紧挺秀、锋苗显露	茶　　味：	醇厚隽永
		最宜茶具：	陶瓷茶具
茶　　色：	乌黑润	沏泡方法：	水温在100℃左右，冲泡约1～3分钟
茶　　香：	鲜嫩馥郁	最佳产地：	安徽省黄山市祁门县

坦洋工夫　　高锐持久　浓醇鲜爽

干茶 细长匀整

茶汤 红艳明亮

叶底 细嫩柔软红亮

特 征

福安市
福建省

形　　状：	细长匀整	最宜茶具：	瓷质茶杯
茶　　色：	乌黑润	沏泡方法：	水温90℃左右，冲泡3～5分钟
茶　　香：	高锐持久	最佳产地：	福建福安市坦洋村
茶　　味：	浓醇鲜爽		

正山小种　馥郁高长　醇厚鲜浓

干茶 肥壮紧结

茶汤 红艳清澈

叶底 肥软呈古铜色

特征

武夷山市
福建省

形　　状：条索肥壮、重实	茶　　味：醇厚鲜浓，桂圆味明显
茶　　色：乌黑润	最宜茶具：瓷质茶杯
茶　　香：馥郁高长，	沏泡方法：水温90°C左右，冲泡3～5分钟
显桂圆干香	最佳产地：福建省武夷山市

金骏眉　清香幽雅　鲜活甘爽

干茶 紧秀细小

茶汤 金黄透亮

叶底 秀挺亮丽

特征

武夷山
福建省

形　　状：条索紧秀、细嫩	最宜茶具：瓷质茶杯
茶　　色：金、黄、黑相间	沏泡方法：水温80°C～90°C，冲泡1～3分钟
茶　　香：清雅的花蜜、薯香	最佳产地：福建省武夷山市
茶　　味：鲜活甘爽、喉韵幽长	

银骏眉 鲜醇浓郁 浓厚甜醇

干茶 紧结匀整

茶汤 橙黄清澈明亮

叶底 明亮匀整

武夷山
福建省

特征

形　状：紧结匀整		最宜茶具：玻璃茶杯		
茶　色：银灰色		沏泡方法：水温80℃～90℃，冲泡3分钟左右		
茶　香：清爽持久		最佳产地：福建省东北部的武夷山		
茶　味：清爽醇厚				

政和工夫 香气独特 口感醇厚

干茶 肥壮重实

茶汤 红亮清澈

叶底 红艳明亮

政和县
福建省

特征

形　状：条索肥壮、重实匀齐		最宜茶具：白瓷盖碗		
茶　色：乌黑色		沏泡方法：水温85℃～90℃左右，		
茶　香：浓郁芬芳		冲泡3～5分钟		
茶　味：醇厚香浓		最佳产地：福建省政和县		

白琳工夫　　清澈鲜红　独具魅力

干茶 条索细长

茶汤 红亮清澈

叶底 鲜红带黄

特征

形　状：条索细长、弯曲		最宜茶具：白瓷盖碗	
茶　色：黄黑色		沏泡方法：水温90℃左右，冲泡2分钟左右	
茶　香：鲜纯持久		最佳产地：福建省福鼎市太姥山白琳、湖林一带	
茶　味：清鲜甜和			

福鼎市
福建省

荔枝红茶　　果香浓郁　浓厚甜醇

干茶 紧细匀整

茶汤 红浓明亮

叶底 柔软匀亮

特征

形　状：条索紧细、匀整		最宜茶具：白瓷盖碗	
茶　色：乌黑润		沏泡方法：水温90℃左右，冲泡1~3分钟	
茶　香：荔枝香，甜香浓郁		最佳产地：广东省	
茶　味：鲜爽甜润			

广东省

英德红茶　鲜醇浓郁　浓厚甜醇

干茶 紧结重实

茶汤 红艳明亮

叶底 柔软红亮

特征

形　状：	条索紧结、重实，显金毫	茶　味：	浓厚甜润
		最宜茶具：	白瓷盖碗
茶　色：	棕褐色乌润	沏泡方法：	水温100℃左右，冲泡3～5分钟
茶　香：	鲜爽浓郁	最佳产地：	广东省英德市

英德市
广东省

信阳红茶　嫩匀红亮　甜香甘爽

干茶 条索紧细

茶汤 红亮清澈

叶底 嫩匀红亮

特征

形　状：	条索紧细、金毫显露	最宜茶具：	白瓷盖碗
茶　色：	乌棕色	沏泡方法：	水温90℃左右，冲泡1～3分钟
茶　香：	甜香持久	最佳产地：	河南省信阳市
茶　味：	醇厚甘爽		

河南省
信阳市

宜红工夫　甜纯高长　醇厚鲜爽

干茶 条索紧细

茶汤 红亮清澈

叶底 嫩匀红亮

特征

形　　状：条索紧细、金毫显露		最宜茶具：陶瓷茶具	
茶　　色：乌润		沏泡方法：水温100℃左右，冲泡1~3分钟	
茶　　香：甜纯高长		最佳产地：鄂西山区宜昌、恩施两市	
茶　　味：醇厚鲜爽			

湖红工夫　香高持久　醇厚爽口

干茶 紧结肥实

茶汤 红浓尚亮

叶底 嫩匀红亮

特征

形　　状：条索紧结、肥实		最宜茶具：紫砂茶具	
茶　　色：乌润		沏泡方法：水温100℃左右，冲泡2分钟左右	
茶　　香：香高持久		最佳产地：湖南省益阳市安化县	
茶　　味：醇厚爽口			

竹海金茗　　金亮满挂　乌润甘醇

干茶 紧细苗秀

茶汤 红亮清澈

叶底 嫩匀红亮

特征

江苏省

宜兴市

形　状：紧细苗秀	最宜茶具：盖碗、紫砂壶	
茶　色：乌润、金毫披露	沏泡方法：水温85℃左右，冲泡3～5分钟	
茶　香：浓郁持久	最佳产地：江苏省宜兴市茗岭岭下茶场	
茶　味：甘醇浓厚		

宁红工夫　　香高持久　醇厚甜和

干茶 细紧圆直

茶汤 红艳清澈

叶底 红嫩多芽

特征

九江市

江西省

形　状：细紧圆直、锋苗显露	最宜茶具：陶瓷茶具	
茶　色：色乌略红	沏泡方法：水温在90℃左右，时间约2～3分钟	
茶　香：鲜嫩甜香	最佳产地：江西省九江市修水县	
茶　味：醇厚甜爽		

滇红工夫　金毫显露　香高味浓

干茶 条索紧结　　茶汤 红浓透明　　叶底 红匀明亮

特征

形　状：条索紧结、肥壮	最宜茶具：陶瓷茶具
茶　色：乌润显金毫	冲泡方法：水温90℃左右，冲泡2～3分钟
茶　香：鲜浓高长	最佳产地：云南省滇南、滇西两个自然区
茶　味：浓厚鲜爽	

风庆 云南省 临沧

台湾日月潭红茶　鲜锐浓郁　浓厚甘醇

干茶 紧结肥大　　茶汤 红艳清澈　　叶底 肥软红艳

特征

形　状：条索紧结、肥大	最宜茶具：白瓷盖碗
茶　色：深褐色	冲泡方法：水温90℃左右，冲泡1～3分钟
茶　香：鲜锐浓郁	最佳产地：台湾省南投市鱼池乡一带
茶　味：浓厚甘醇	

南投市 台湾省

越红工夫　纯正持久　醇厚浓郁

干茶 紧秀挺直　　**茶汤** 红亮透明　　**叶底** 嫩匀完整

特征

形　状：紧结肥实、锋苗显现		最宜茶具：陶瓷茶具	
茶　色：乌润		沏泡方法：水温100℃左右，冲泡1~3分钟	
茶　香：纯正持久		最佳产地：浙江省绍兴市绍兴、诸暨等县	
茶　味：醇浓尚甘			

绍兴市 浙江省

九曲红梅　清鲜芬芳　甜浓鲜醇

干茶 条索紧细、弯曲如钩　　**茶汤** 红亮　　**叶底** 柔嫩尚红亮

特征

形　状：条索紧细、弯曲如钩		最宜茶具：白瓷盖碗	
茶　色：乌润		沏泡方法：水温90℃左右，冲泡3~5分钟	
茶　香：清鲜芬芳		最佳产地：浙江省杭州市西湖区周浦乡的湖埠、	
茶　味：甜浓鲜醇		上堡等地	

杭州市 浙江省

中国乌龙茶分布区图

黑龙江

吉林

辽宁

新疆维吾尔自治区

内蒙古

北京
天津
河北

宁夏回族自治区

山西
山东

青海

甘肃

陕西

河南

江
苏

安徽

上海

西藏自治区

四川

重庆

湖北

浙江

湖南

江西

福建

台湾

云南

贵州

广西壮族自治区

广东

香港特别行政区
澳门特别行政区

海南

南沙群岛

青茶

青茶（乌龙茶）又称半发酵茶，是中国诸大茶种中特色鲜明的一
类，往往是"茶痴"的最爱 。

乌龙茶综合了绿茶和红茶的制法，其品质介于绿茶和红茶之间，既具有红茶的浓醇鲜
味，又具有绿茶的清爽芳香，并享有"绿叶红镶边"的美誉。品尝后齿颊留香，回味甘鲜。

优质乌龙茶的外形壮大，色泽砂绿至乌褐，油润，汤色橙黄至橙红明亮，香气浓郁持
久，沁人肺腑，滋味醇厚甘鲜，回味悠长。

乌龙茶为我国特有的茶类，主要产于福建的闽北、闽南、及广东、台湾三个省。近年来
四川，湖南等省也有少量生产，其主要品种有安溪铁观音、大红袍、肉桂、凤凰水仙、冻顶
乌龙茶等。

金观音　芽叶红紫　砂绿乌润

干茶 紧结重实　　**茶汤** 金黄清澈　　**叶底** 肥厚明亮

特征

形　　状：条索紧结、重实	**最宜茶具**：白瓷盖碗	
茶　　色：砂绿乌润	**沏泡方法**：水温100℃左右，冲泡1～3分钟	
茶　　香：馥郁幽长	**最佳产地**：福建省安溪县	
茶　　味：醇厚回甘		

福建省
安溪县

安溪铁观音　天然饮料　醇厚甘鲜

干茶 条索卷曲　　**茶汤** 浓艳清澈　　**叶底** 肥厚明亮

特征

形　　状：条索卷曲、壮实沉重	**最宜茶具**：陶瓷盖碗	
茶　　色：鲜润	**沏泡方法**：水温在100℃左右，	
茶　　香：馥郁持久	时间约1～3分钟	
茶　　味：醇厚甘鲜	**最佳产地**：福建省安溪县	

福建省
安溪县

大坪毛蟹　清甜花香　醇厚顺滑

干茶 颗粒紧结　　茶汤 金盏通透　　叶底 绿叶显红边

特征

形　　状：颗粒紧结	最宜茶具：陶瓷茶具
茶　　色：砂绿色	沥泡方法：水温在100℃左右，
茶　　香：清甜花香持久	时间约1～3分钟
茶　　味：清醇微厚	最佳产地：福建省安溪县大坪乡福美村

福建省
安溪县

本山茶　香高味醇　奇特优雅

干茶 紧结略肥壮　　茶汤 金黄明亮　　叶底 柔软，绿叶红镶边

特征

形　　状：颗粒紧结，略肥壮沉重	茶　　味：醇爽回甘
	最宜茶具：盖碗、紫砂壶
茶　　色：砂绿润	沥泡方法：水温100℃左右，冲泡1～3分钟
茶　　香：高长馥郁	最佳产地：福建省安溪县西坪镇尧阳村

福建省
安溪县

黄金桂　香高味醇　奇特优雅

干茶 条索细结　　　　　**茶汤** 金黄明亮　　　　　**叶底** 柔软明亮

特 征

形　　状：长尖梭或细结	最宜茶具：陶瓷茶具	
茶　　色：赤黄绿	沏泡方法：水温在100℃左右，	福建省
茶　　香：芬芳优雅	时间约1～3分钟	安溪县
茶　　味：清醇甘鲜	最佳产地：福建省安溪县虎邱美庄村	

水金龟　鲜活甘醇　清雅芳香

干茶 条索紧结　　　　　**茶汤** 清澈艳丽　　　　　**叶底** 完整明亮

特 征

形　　状：条索紧结	最宜茶具：白瓷盖碗	
茶　　色：褐绿色	沏泡方法：水温100℃，冲泡约2～3分钟	武夷山
茶　　香：馥郁清香	最佳产地：福建省武夷山牛栏坑杜葛寨峰	福建省
茶　　味：醇厚爽口		

铁罗汉　　千年古树　稀世珍奇

干茶 紧结匀整

茶汤 清澈艳丽

叶底 肥厚软亮

特征

形　　状：条索紧结、匀整	**最宜茶具：** 白瓷盖碗
茶　　色：绿褐色	**沏泡方法：** 水温100℃左右，冲泡2～3分钟
茶　　香：浓郁清长	**最佳产地：** 福建省武夷山市
茶　　味：爽口回甘	

武夷山
福建省

武夷肉桂　　辛锐持久　醇厚回甜

干茶 肥壮紧结

茶汤 橙黄清澈

叶底 柔软黄亮

特征

形　　状：肥壮紧结	**最宜茶具：** 紫砂壶
茶　　色：褐绿色油润	**沏泡方法：** 水温100℃，冲泡2～3分钟
茶　　香：辛锐持久	**最佳产地：** 福建省武夷山
茶　　味：醇厚回甘	

武夷山
福建省

白鸡冠 　清鲜浓长　醇和回甘

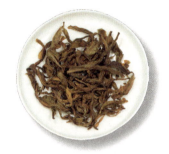
干茶 卷曲成条

茶汤 清澈明亮

叶底 嫩匀完整

特 征

形　状：卷曲成条、芽叶薄软	**最宜茶具**：紫砂壶
茶　色：黄褐润	**冲泡方法**：水温100℃，冲泡3～5分钟
茶　香：清鲜浓长	**最佳产地**：福建省武夷山市
茶　味：醇和回甘	

武夷山
福建省

武夷大红袍 　茶中状元　稀世之珍

干茶 条索紧结、壮实

茶汤 橙黄明亮

叶底 红绿相间

特 征

形　状：条索紧结、壮实	**最宜茶具**：紫砂壶
茶　色：深褐色带宝色	**冲泡方法**：水温100℃左右，冲泡2～3分钟
茶　香：细锐幽长	**最佳产地**：福建省南平市武夷山天心岩天心寺
茶　味：醇厚甘爽	之西的九龙窠

武夷山
福建省

半天腰　　金黄清澈　绿叶红镶

干茶 条索紧实　　　　**茶汤** 金黄清澈　　　　**叶底** 柔软鲜活

武夷山
福建省

特征

形　　状：条索紧实	**最宜茶具：** 白瓷盖碗
茶　　色：青褐色	**沏泡方法：** 水温95℃左右，冲泡1～3分钟
茶　　香：清香馥郁	**最佳产地：** 福建省武夷山星村镇火焰山东
茶　　味：浓厚回甘	

武夷黄观音　　馥郁芬芳　醇厚甘爽

干茶 条索紧结　　　　**茶汤** 清澈明亮　　　　**叶底** 完整肥嫩

武夷山
福建省

特征

形　　状：条索紧结、正身紧致	**最宜茶具：** 白瓷盖碗
茶　　色：青褐油润	**沏泡方法：** 水温应达初沸98℃以上，第一次冲泡10秒
茶　　香：高香淡雅	～1分钟，第二次20秒～1.5分钟，第三次30秒～3分钟
茶　　味：汤底醇厚、清新甜爽	**最佳产地：** 福建省武夷山

小红袍　细锐持久　风味独特

干茶：条索坚结匀整

茶汤：金黄清澈

叶底：软亮鲜艳

特 征

形　状：条索紧结、匀整	最宜茶具：白瓷盖碗
茶　色：墨绿色	沏泡方法：水温100℃左右，冲泡时间
茶　香：细锐持久	约为2～3分钟
茶　味：浓厚回甘	最佳产地：福建省武夷山市

武夷山市
福建省

不知春　柔软醇厚　不知春至

干茶：匀整卷曲

茶汤：琥珀橙黄

叶底：舒展软亮

特 征

形　状：条索匀整卷曲	最宜茶具：白瓷盖碗
茶　色：深褐浅绿，油润油光	沏泡方法：初泡水温应达95℃以上，1～3泡浸泡5～10
茶　香：兰花香显	秒，以后每加冲一泡，浸泡时间增加10～30秒。
茶　味：滋味甘清，香久浓郁	最佳产地：福建省武夷山

武夷山
福建省

正岩水仙　　浓郁持久　绿叶红镶

干茶 曲长肥大

茶汤 清澈，呈琥珀色

叶底 长大鲜活

特 征

形　　状：条索曲长、肥大	**最宜茶具：**白瓷盖碗
茶　　色：青褐色	**沏泡方法：**水温在100℃左右，
茶　　香：芳香馥郁、带蜜香	时间约2～3分钟
茶　　味：鲜爽醇厚	**最佳产地：**福建省武夷山市武夷山竹窠一带

武夷山
福建省

闽北水仙　　紧结沉重　叶端扭曲

干茶 紧结沉重

茶汤 清澈橙黄

叶底 厚软黄亮

特 征

形　　状：紧结沉重、叶端扭曲	**最宜茶具：**紫砂壶
茶　　色：砂绿橙黄	**沏泡方法：**水温在100℃，时间约2～3分钟
茶　　香：香气浓郁	**最佳产地：**福建省建瓯、建阳两市
茶　　味：醇厚回甘	

建瓯市 建阳市
福建省

矮脚乌龙　　蜜香幽长　古朴醇厚

干茶 条索紧实

茶汤 金黄清澈

叶底 嫩匀完整

特征

形　状：条索细紧、壮实	最宜茶具：白瓷盖碗	
茶　色：褐绿色	沏泡方法：水温100℃左右，冲泡2～3分钟	
茶　香：清高幽长	最佳产地：福建省建瓯市东峰镇	
茶　味：醇厚		

建瓯市
福建省

永春佛手　　浓郁甘厚　风味独特

干茶 肥壮卷曲

茶汤 橙黄清澈

叶底 肥厚软亮，红点显

特征

形　状：颗粒紧结、肥壮卷曲	最宜茶具：陶瓷茶具	
茶　色：乌润砂绿	沏泡方法：水温在100℃左右，	
茶　香：浓郁似香橼香	时间约1～3分钟	
茶　味：甘厚鲜醇	最佳产地：福建省泉州市永春县	

福建省
泉州市

梅占 紧结沉重 叶端扭曲

干茶 紧结卷曲

茶汤 清澈明亮

叶底 均匀明亮

特征

形 **状**：条索紧结、弯曲		**最宜茶具**：白瓷盖碗	
茶 **色**：乌褐色		**沏泡方法**：水温100℃，冲泡2～3分钟	
茶 **香**：香气持久		**最佳产地**：福建省泉州市安溪县芦田	
茶 **味**：醇厚回甘			

福建省
泉州市

漳平水仙 扁平见方 乌褐馥郁

干茶 扁平见方

茶汤 橙黄明亮

叶底 黄亮显红边

特征

形 **状**：扁平见方		**最宜茶具**：白瓷盖碗、紫砂壶	
茶 **色**：乌褐色		**沏泡方法**：水温100℃左右，冲泡3分钟	
茶 **香**：馥郁持久		**最佳产地**：福建漳平市各地	
茶 **味**：醇厚回甘			

福建省
漳平

老丛水仙　馥郁持久　醇厚甘滑

干茶 条索肥壮

茶汤 清澈橙黄

叶底 厚软黄亮

特征

形　　状：条索肥壮、叶端扭曲	最宜茶具：盖碗、紫砂壶
茶　　色：绿褐油润	沏泡方法：水温在100℃左右，
茶　　香：馥郁持久	时间约2～3分钟
茶　　味：醇厚甘滑，丛味明显	最佳产地：福建省南平市武夷山

南平市
福建省

冻顶乌龙茶　清新典雅　独具风味

干茶 颗粒呈半球形

茶汤 明亮金黄

叶底 柔软完整

特征

形　　状：颗粒紧结、呈半球形	茶　　味：甘醇爽滑
茶　　色：墨绿色，	最宜茶具：陶瓷茶具
边缘有金黄色	沏泡方法：水温在100℃左右，时间约1～3分钟
茶　　香：香浓持久	最佳产地：台湾省南投市鹿谷乡

台湾省
南投市

梨山乌龙   山韵幽雅　甘醇爽滑

干茶 颗粒肥壮紧结

茶汤 蜜绿显黄

叶底 肥软整齐

特 征

形　　状：颗粒肥壮		最宜茶具：白瓷盖碗	
茶　　色：翠绿鲜活		沏泡方法：水温100℃，冲泡1～3分钟	
茶　　香：幽雅高山韵显		最佳产地：台湾省台中市梨山	
茶　　味：甘醇爽滑			

台中市
台湾省

阿里山乌龙   清鲜淡雅　爽口甘滑

干茶 颗粒紧结

茶汤 蜜绿金黄

叶底 肥厚柔软

特 征

形　　状：颗粒紧结，呈半球形		最宜茶具：白瓷盖碗	
茶　　色：翠绿色		沏泡方法：水温100℃左右，冲泡1～3分钟	
茶　　香：清鲜淡雅		最佳产地：台湾省嘉义市的阿里山	
茶　　味：爽口回甘			

台湾省
嘉义市

木栅铁观音　蜻蜓展翅　高香持久

干茶 颗粒圆结　　**茶汤** 橙黄明亮　　**叶底** 绿亮完整

特 征

形　状：颗粒圆结、呈半球形	**最宜茶具**：白瓷盖碗、紫砂壶
茶　色：绿褐色	**沏泡方法**：水温100℃左右，冲泡1～3分钟
茶　香：高香持久、有花果香	**最佳产地**：台湾省台北市文山区木栅
茶　味：醇厚爽口	

台北市
台湾省

东方美人　飞天仙女　茶中美人

干茶 茶心肥厚、白毫显著　**茶汤** 深如琥珀、透明温润　**叶底** 干净整齐、白毫清晰

特 征

形　状：茶心肥厚、白毫显著	**最宜茶具**：透明玻璃杯或白色盖碗
茶　色：白绿黄红褐五色相间	**沏泡方法**：水温以80℃～90℃为宜，
茶　香：熟果香和蜂蜜芬芳	浸泡约30～45秒
茶　味：浓厚甘醇	**最佳产地**：台湾省新竹、苗栗一带

新竹
苗栗
台湾省

中国白茶分布区图

黑龙江

吉林

辽宁

新疆维吾尔自治区

内蒙古

北京 天津

河北

宁夏回族自治区

山西 山东

青海

甘肃 陕西

河南 江 苏

安徽 上海

湖北 浙江

四川 重庆

江西 福建

西藏自治区

湖南

台湾

贵州

云南 广西壮族自治区 广东

香港特别行政区
澳门特别行政区

海南

南沙群岛

白茶

　　白茶是一种经过轻微发酵的茶，是我国茶类中的特殊珍品。因为白茶的成品多为芽头，满披白毫，如银似雪，所以得名"白茶"。白茶的历史十分悠久，其清雅芳名的出现，迄今已有880余年了。

　　白茶的采摘要求鲜叶"三白"即嫩芽及两片嫩叶都要满披白色茸毛。白茶的制作工艺，一般分为萎凋、干燥两道工序，而其关键是在于萎凋。通常，将鲜叶采下之后，让其处在日光下自然萎凋，白茶不仅外形非常美观，而且由于性凉，所以还具有清凉降暑，解毒清热的功效和作用。

　　白茶是我国特产，是世界上享有盛誉的茶中珍品。产于福建省的松政、福鼎、建阳等县的部分地区。

新工艺白茶　清纯馥郁　浓醇清甘

干茶 呈半卷条形　　　　茶汤 橙红明亮　　　　叶底 嫩匀完整

特 征

形　状：呈半卷条型		最宜茶具：白瓷盖碗	
茶　色：暗绿中带褐		沏泡方法：水温90℃～100℃，冲泡5～10分钟	
茶　香：馥郁清香		最佳产地：福建省福鼎市	
茶　味：浓醇清纯			

福鼎市
福建省

白毫银针　形色质趣　绝无仅有

干茶 挺直肥壮　　　　茶汤 明亮泛黄　　　　叶底 肥嫩全芽

特 征

形　状：挺直肥壮、白毫满披		最宜茶具：透明玻璃杯	
茶　色：银白而有光泽		沏泡方法：水温90℃左右，冲泡5～10分钟	
茶　香：馥郁清芬，毫香显		最佳产地：福建省福鼎市、南平市政和县	
茶　味：清鲜爽口，毫味足			

福鼎市
福建省

白牡丹　馥郁芬芳　清醇淡雅

干茶 芽叶连枝，毫心肥壮

茶汤 杏黄明亮

叶底 肥嫩完整

特 征

形　状：	形似花朵、芽心肥壮	茶　味：	清醇淡雅
茶　色：	毫心银白，叶面深灰	最宜茶具：	透明玻璃杯
	绿或暗青苔色	沏泡方法：	水温90℃～100℃，冲泡5～10分钟
茶　香：	馥郁芬芳	最佳产地：	福建省福鼎、政和、建阳、松溪等县市

福鼎市
福建省

贡眉　鲜纯持久　清凉解毒

干茶 毫心显而多

茶汤 橙黄清澈

叶底 柔软灰绿

特 征

形　状：	毫心显，稍银白	最宜茶具：	白瓷盖碗
茶　色：	翠绿色	沏泡方法：	水温90℃～100℃，冲泡5～10分钟
茶　香：	鲜纯持久	最佳产地：	福建省南平市建阳县
茶　味：	醇爽浓厚		

南平市
福建省

中国黄茶分布区图

黄茶

　　黄茶最早是从炒青绿茶中发现的。在炒青绿茶的过程中，人发现如果杀青、揉捻后干燥不足或不及时的话，叶色就会变黄，于是就逐渐产生了一个新的茶叶品类：黄茶。虽然黄茶的制作工艺与绿茶有很多相似之处，但它比绿茶多了一道"闷黄"的工艺。

　　黄茶不仅茶身黄，汤色也呈浅黄至深黄色，形成了"黄汤黄叶"的品质风格。真不愧是名副其实的"黄茶"。

　　黄茶是我国特种茶类，主要产于我国的四川、湖南、湖北、浙江、安徽等省。黄茶采用堆渥闷黄等特殊的加工技术，使之具有"黄叶黄汤"香气清高，滋味浓厚而鲜爽等与绿茶不同的品质特点。黄茶的生产历史悠久，距今已有390多年的历史。

莫干黄芽　紧细黄嫩　芳香幽雅

干茶 紧细多毫

茶汤 黄嫩清澈

叶底 嫩黄绿成朵

特征

湖州市
浙江省

形　　状：紧细多毫	最宜茶具：白瓷盖碗
茶　　色：黄嫩油润	沏泡方法：水温90℃左右，冲泡1~3分钟
茶　　香：芳香幽雅	最佳产地：浙江省湖州市德清县莫干山
茶　　味：鲜爽甘醇	

君山银针　鲜纯持久　清凉解毒

干茶 肥壮挺直

茶汤 杏黄明净

叶底 嫩黄匀亮

特征

岳阳市
湖南省

形　　状：芽壮挺直、毫色金黄	最宜茶具：透明玻璃杯
茶　　色：嫩黄润	沏泡方法：水温在100℃左右，时间约5~8分钟
茶　　香：清纯持久	最佳产地：湖南省岳阳洞庭湖的君山
茶　　味：甜爽鲜醇	

霍山黄芽　形似雀舌　栗香浓郁

干茶 匀齐成朵　　**茶汤** 黄绿清明　　**叶底** 嫩匀厚实

特征

安徽省
● 霍山县

形　状：形似雀舌、匀齐成朵	最宜茶具：玻璃杯
茶　色：嫩黄色	沏泡方法：水温在80℃左右，时间约5分钟左右
茶　香：香气鲜爽	最佳产地：安徽省霍山县大化坪镇金鸡山、太阳乡金
茶　味：醇厚回甜	竹坪

霍山黄大茶　梗壮叶肥　焦香高爽

干茶 梗壮叶肥　　**茶汤** 深黄显褐　　**叶底** 黄中显褐

特征

安徽省
● 霍山县

形　状：梗壮叶肥、叶片成条	最宜茶具：玻璃杯
茶　色：黄褐油润	沏泡方法：水温在80℃左右，时间约5分钟左右
茶　香：焦香高爽	最佳产地：安徽省霍山、金寨、大安、岳西
茶　味：浓厚醇和	

中国黑茶分布区图

黑茶

　　黑茶，顾名思义，是因为它的茶色为黑褐色而得名。黑茶属于后发酵茶，是我国特有的茶类，生产历史非常悠久，最早的黑茶是由四川生产的，由绿茶的毛茶经蒸压而成。

　　黑茶主要产于湖南、湖北、四川、云南、广西等地，其主要品种有湖南黑茶、湖北老边茶、四川边茶、广西六堡散茶、云南普洱茶等。其中以云南普洱茶最为著名。

　　用于加工黑茶的鲜叶都比较粗老，采摘标准多为一芽五至六叶，选取叶粗梗长的为原料，黑茶的加工方法是一种适宜于加工老茶叶的好方法，它的制作工艺流程包括杀青，揉捻，渥堆做色，干燥四道工序。黑茶汤色黄中带红，具有香味醇和的独特风味。

天尖茶　松香独特　黑茶上品

干茶 紧结圆直

茶汤 深黄明亮

叶底 匀齐尚嫩

特征

形　状：条索紧结，较圆直	**最宜茶具：**厚壁紫砂壶、陶壶、如意杯		
茶　色：色泽黑润	**沏泡方法：**加入100℃沸水冲泡8秒，随即将茶水倒掉，		
茶　香：深黄明亮	起到润茶的作用；冲入沸水，约1～2分钟即可饮用。		
茶　味：滋味醇厚，甘润爽滑	**最佳产地：**湖南省安化县		

安化县
湖南省

云南七子饼（中茶铁饼）　醇厚甘甜　益寿延年

干茶 紧结端正

茶汤 橙黄明亮

叶底 嫩匀完整

特征

形　状：紧结端正，呈饼状	**最宜茶具：**盖碗		
茶　色：乌润	**沏泡方法：**水温90℃左右，冲泡时间约为1分钟		
茶　香：纯正馥郁	**最佳产地：**云南省大理市		
茶　味：醇厚甘甜			

大理市
云南省

凤凰普洱沱茶　　佳品天成　强劲回味

干茶 紧结端正　　　　**茶汤** 橙黄明亮　　　　**叶底** 肥厚匀整

特征

形　状：紧结端正、呈碗状		**最宜茶具**：盖碗	
茶　色：乌润		**沏泡方法**：水温90℃左右，冲泡时间约为1分钟	
茶　香：纯正馥郁		**最佳产地**：云南省大理市南涧县	
茶　味：醇厚甘甜			

大理市
云南省

易武正山野生茶　　力道柔和　纯正自然

干茶 条索形美　　　　**茶汤** 橙黄明亮　　　　**叶底** 匀亮柔韧

特征

形　状：紧结端正、呈饼状		**最宜茶具**：盖碗	
茶　色：乌润		**沏泡方法**：水温90℃左右，冲泡时间约为1分钟	
茶　香：纯正馥郁		**最佳产地**：云南省勐腊县易武乡	
茶　味：醇厚甘甜			

云南省
勐腊县

金大益　紧结端正　馥郁甘甜

干茶 饼形紧结

茶汤 橙黄明亮

叶底 柔软匀整

特　征

云南省
勐海县

形　状：紧结端正、呈饼状		最宜茶具：盖碗	
茶　色：乌润		沏泡方法：水温90℃左右，冲泡时间约为1分钟	
茶　香：纯正馥郁		最佳产地：云南省勐海县	
茶　味：醇厚甘甜			

普洱茶砖　陈香浓郁　阵醇回甘

干茶 砖型端正

茶汤 红浓清澈

叶底 肥软红褐

特　征

云南省
思茅市

形　状：砖形端正厚薄均匀		最宜茶具：盖碗	
茶　色：黑褐油润		沏泡方法：水温90℃～100℃，时间约1分钟	
茶　香：陈香浓郁		最佳产地：云南省思茅市普洱县	
茶　味：醇厚回甘			

金瓜贡茶　普洱绝品　浓郁纯正

干茶 形似金瓜

茶汤 金黄润泽

叶底 肥软匀亮

特征

形　状：形似南瓜		最宜茶具：盖碗	
茶　色：金黄		沏泡方法：水温90℃左右，冲泡时间约为1分钟	
茶　香：浓郁纯正		最佳产地：云南省思茅市澜沧的景迈山茶区	
茶　味：醇厚回甘			

云南省
思茅市

勐海沱茶　形似碗臼　浓郁纯正

干茶 沱形端正

茶汤 红亮通透

叶底 肥软油润

特征

形　状：条索肥壮厚实， 　　　　呈碗状		茶　味：醇厚鲜爽、喉润	
		最宜茶具：盖碗	
茶　色：黑褐润		沏泡方法：水温90℃～100℃，时间约1分钟	
茶　香：陈香显		最佳产地：云南省西双版纳勐海县	

云南省
勐海县

云南七子饼（下关七子饼）醇爽回甘　明目清心

干茶 外形紧结端正　　**茶汤** 橙黄明亮　　**叶底** 细嫩完整

特 征

大理市
云南省

外　　形：紧结端正呈饼状	最宜茶具：盖碗杯
茶　　色：色泽乌润	沏泡方法：冲泡用水以矿泉水或纯净水为宜，水温以
茶　　香：清纯馥郁	90℃～100℃沸水为佳。
茶　　味：醇爽回甘	最佳产地：云南省大理市

01年简体云7542　简体祥云　独一无二

干茶 饼型圆正　　**茶汤** 红浓清澈　　**叶底** 肥软红褐

特 征

云南省
勐海县

形　　状：条索紧结匀整	茶　　味：韵味足，回甘快
茶　　色：乌润显茶毫	最佳产地：云南西双版纳勐海县
茶　　香：纯正浓郁，有花果香	

邦盆古树茶　　清亮如镜　回甘持久

干茶 条索粗大匀整

茶汤 清亮如镜

叶底 油亮肥大

特征

形　状：条索粗大、匀整紧结	最佳产地：云南西双版纳勐海县班盆老寨	
茶　色：灰黑墨绿		
茶　香：香气纯高、浓郁		
茶　味：回甘强烈、生津持久		

云南省
勐海县

曼娥古树茶　　色如琥珀　清远绵长

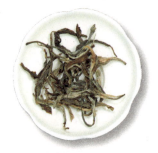

干茶 匀整显毫

茶汤 金黄明亮

叶底 柔嫩完整

特征

形　状：条索匀整显毫	沏泡方法：1～6泡焖茶时间基本在20～45
茶　色：光泽均匀、明毫发光	秒，9泡以后焖茶时间逐步加长。
茶　香：清香扑鼻、鲜味十足	最佳产地：云南省西双版纳布朗山
茶　味：醇厚甘滑、略带苦味	

云南省
西双版纳

巴达古树茶　梅香飘扬　鲜爽醇厚

干茶 条索肥壮　　　**茶汤** 金黄透亮　　　**叶底** 匀亮柔韧

特征

形　状	：条索肥壮、白毫突著	茶　味	：鲜爽醇厚，甘甜高远
茶　色	：翠绿润泽	最佳产地	：云南西双版纳勐海县
茶　香	：香气纯正高扬， 有梅子香、蜜香		

云南省
勐海县

南糯山古树茶　孔明山麓　古茶飘香

干茶 白毫显露　　　**茶汤** 金黄明亮、浓郁剔透　　　**叶底** 整齐肥嫩

特征

形　状	：匀齐修长、 白毫丰满	茶　味	：苦涩甜味转换快，回味幽长
茶　色	：色泽棕褐	最佳产地	：云南省西双版纳勐海县
茶　香	：柔顺浓郁透蜜香		

云南省
勐海县

勐宋古树茶　　边境古茶　细腻生津

干茶 条索紧细

茶汤 金黄透亮

叶底 油润光泽

特征

云南省
●景洪市

形　状：条索紧细、梗长	茶　　味：柔甜苦涩显，苦重于涩
茶　色：色泽黑褐	最佳产地：云南西双版纳景洪勐宋古茶山
茶　香：独特悠长	

布朗山古树茶　　淡雅含蓄　绵延千年

干茶 条索壮实

茶汤 金黄通透

叶底 肥嫩暗绿

特征

云南省
●勐海县

形　状：条索壮实粗旷	茶　　味：滋味鲜醇，汤感饱满
茶　色：色泽灰绿偏深	最佳产地：云南西双版纳勐海县布朗山
茶　香：淡雅含蓄、内敛深沉	

贺开古树茶　　香高馥郁　纯正甜润

干茶 条索稍长

茶汤 金黄明亮

叶底 肥嫩整齐

特征

形　状：	条索匀齐，白毫丰满	茶　味：涩显于苦，回甘快而持久
茶　色：	色泽黄褐	最佳产地：云南西双版纳勐海县东南部勐混乡
茶　香：	香气高纯，有轻微兰香感	

云南省
勐海县

老树圆茶（生饼）　　浓郁纯正　醇厚清凉

干茶 条索肥壮

茶汤 金黄透亮

叶底 匀亮柔韧

特征

形　状：	条索肥壮	茶　味：浓郁醇厚
茶　色：	色泽油润，白毫显露	最佳产地：云南西双版纳勐海县
茶　香：	馥郁纯正持久	

云南省
勐海县

图书在版编目（CIP）数据

图解茶经/（唐）陆羽著；紫图编绘.

－－西安：陕西师范大学出版总社有限公司，2012.2

ISBN 978-7-5613-5813-9

Ⅰ.①图… Ⅱ.①陆… ②紫… Ⅲ.①茶—文化—中国

②茶经—图解 Ⅳ.①TS971-64

中国版本图书馆CIP数据核字（2012）第005147号

图书代号：SK12N0011

图解茶经

（唐）陆羽/著　紫图/编绘

责任编辑/周宏

出版发行/陕西师范大学出版总社有限公司　经销/新华书店

印刷/北京瑞禾彩色印刷有限公司

版次/2012年2月第1版　2012年10月第2次印刷

开本/787毫米×1092毫米 1/16　21印张　字数/200千字

书号/ISBN 978-7-5613-5813-9

定价 / 68.00元